电脑自学手册系列

新手学电脑完全自学手册

（Windows XP + Office 2007）

文杰书院　编著

机 械 工 业 出 版 社

本书是"电脑自学手册"系列丛书的一个分册,以通俗易懂的语言、精挑细选的实用技巧、翔实生动的操作案例,全面介绍了电脑操作知识及案例。主要内容包括认识电脑、使用电脑、认识 Windows XP、设置 Windows XP、使用 Office 2007、使用网络资源、网上聊天、使用常用软件和查杀电脑病毒等知识。

本书采用双色印刷,使用了简洁大方的排版方式,使读者阅读更方便,学习更轻松。

本书面向学习电脑的初中级用户,适合无基础又想快速掌握电脑入门操作的读者,更加适合广大电脑爱好者及各行各业人员作为自学手册使用,还可作为初中级电脑短训班的培训教材。

图书在版编目(CIP)数据

新手学电脑完全自学手册:Windows XP + Office 2007/文杰书院编著 . —北京:机械工业出版社,2010. 6

(电脑自学手册系列)

ISBN 978 - 7 - 111 - 31081 - 5

Ⅰ. ①新… Ⅱ. ①文… Ⅲ. ①窗口软件,Windows XP - 手册 ②办公室 - 自动化 - 应用软件,Office 2007 - 手册 Ⅳ. ①TP3 - 62

中国版本图书馆 CIP 数据核字(2010)第 117717 号

机械工业出版社(北京市百万庄大街22号 邮政编码 100037)
策划编辑:丁 诚
责任编辑:李 萌
责任印制:乔 宇

三河市国英印务有限公司印刷

2010 年 8 月第 1 版 · 第 1 次印刷
184mm × 260mm · 24. 75 印张 · 610 千字
0001—4500 册
标准书号:ISBN 978 - 7 - 111 - 31081 - 5
　　　　　ISBN 978 - 7 - 89451 - 605 - 3(光盘)
定价:49.80 元(含 1DVD)

凡购本书,如有缺页、倒页、脱页,由本社发行部调换
电话服务　　　　　　　　　　网络服务
社服务中心:(010)88361066
销 售 一 部:(010)68326294　　门户网:http://www. cmpbook. com
销 售 二 部:(010)88379649　　教材网:http://www. cmpedu. com
读者服务部:(010)68993821　　**封面无防伪标均为盗版**

电脑已经成为人们日常生活、工作和学习中不可缺少的工具之一。它不但可以用来管理数据、设计图纸和制作动画，而且可以用来休闲娱乐和查阅资料等。很多读者没有接触过电脑，认为学习电脑很困难。为了帮助初学电脑的用户了解和掌握电脑的使用方法，以便在日常的学习和工作中学以致用，我们编写了本书。

本书根据电脑初学者的学习习惯，采用由浅入深、图文并茂的方式进行讲解。读者还可以通过随书赠送的多媒体视频教学光盘学习书中内容。全书结构清晰，内容丰富，主要包括以下 5 个方面的内容：

1. 电脑的基本操作

第 1 ~ 8 章，介绍了电脑的基本操作，包括认识电脑、使用键盘与鼠标、认识与设置 Windows XP 操作系统、使用输入法、管理文件夹与文件和使用 Windows XP 附件等知识。

2. 使用 Office 2007 编辑文档

第 9 ~ 14 章，介绍了使用 Word 2007、Excel 2007 和 PowerPoint 2007 的使用方法，在每章的最后制作大量的精美实例，巩固使用 Office 2007 的知识。

3. 网上交流与分享资源

第 15 ~ 17 章，全面介绍了使用网络的方法，包括认识与使用 Internet、浏览并搜索网络信息、使用免费的网络资源、网上聊天和发帖等方法。

4. 使用常用软件

第 18 章介绍了常用的工具软件的使用方法，包括 ACDSee 看图软件、千千静听音乐软件、暴风影音、迅雷与比特彗星下载软件和 Windows 优化大师等常用软件。

5. 保护电脑

第 19 章介绍了保护电脑的方法，包括系统维护、系统还原、保护数据、使用 Ghost 进行系统还原和查杀电脑病毒等方法。

本书由文杰书院组织编写，参与本书编写的有李军、李强、张辉、李智颖、蔺丹、高桂华、周军、李统财、安国英、蔺寿江、刘义、贾亚军、蔺影、周连波、贾亮、闫宗梅、田园、高金环、施洪艳、贾万学、安国华、宋艳辉。

真切希望读者在阅读本书之后，不但可以开拓视野，同时也可以增长实践操作技能，并从中学习和总结操作的经验和规律，达到灵活运用的水平。

鉴于编者水平有限，书中纰漏和考虑不周之处在所难免，热忱欢迎读者予以批评、指正，以便我们日后能为您编写更好的图书。

如果您在使用本书时遇到问题，可以访问网站 http://www.itbook.net.cn 或发邮件至 itmingjian@163.com 与我们交流和沟通。

编　者

2010 年 4 月

目录

V

第1章
与电脑的初次会面

本章内容导读

本章主要介绍电脑硬件与软件基本知识和电脑的开机与关机基本操作,内容包括认识电脑、熟悉电脑外观与机箱内部、了解电脑软件、开机与关机的操作方法,在本章的最后还针对实际的工作需求,讲解连接显示器和连接键盘与鼠标的方法。通过本章的学习,读者可以初步掌握有关电脑方面的知识,为进一步学习电脑知识奠定基础。

本章知识要点

- ☑ 认识电脑
- ☑ 熟悉电脑的外观
- ☑ 解剖机箱
- ☑ 了解电脑的软件
- ☑ 电脑的开机和关机

Section 1.1 认识电脑

电脑是人们日常生活、工作和学习中不可缺少的工具。 人们可以使用电脑玩游戏，放松心情；可以使用电脑上网查阅资料；也可以听音乐看电影，休闲娱乐。

1.1.1 什么是电脑

电脑也称电子计算机,英文名称为 Computer,是可以根据指令处理数据的机器,它可以快速地对输入的信息进行存储和处理。日常使用的个人电脑包括台式电脑和笔记本电脑。电脑一般由软件系统和硬件系统组成。其中,软件系统包括操作系统和应用软件;硬件系统包括机箱、电源、硬盘、内存、主板、CPU、光驱、声卡、显卡、显示器、键盘和鼠标等。

电脑按照结构的不同可以分为台式电脑和笔记本电脑。其中,台式电脑又称为台式机,一般包括电脑主机、显示器、鼠标和键盘,还可以连接打印机、扫描仪、音箱和摄像头等外部设备;笔记本电脑又称手提式电脑,体积小,方便携带,而且还可以利用电池在没有连接外部电源的情况下使用。图 1-1 所示是台式电脑。

显示器
机箱
键盘
鼠标

图 1-1

1.1.2 电脑的用途

电脑通过安装软件可以对文本、图片和声音进行编辑,并可以对数据和信息进行处理。用户可以玩电脑自带的游戏或网络游戏,在网络上听音乐与看电影等。下面对电脑的用途具体进行介绍。

1. 编辑文本、图片和声音

在电脑中通过安装 Office 软件,可以使用 Word 组件对文本进行编辑,包括设置文本格式和美化文本等操作;使用一些图像处理软件,如 Photoshop、ACDSee 和光影魔术手等,可以对图片进行处理;使用一些声音处理软件可以对下载的歌曲或自己录制的声音进行处理。图 1-2 所示为图像处理软件。

2. 处理数据

如果是家庭电脑,可以将日常使用的家庭开支在电脑中存储并进行计算等操作;如果准备对公司的账务进行计算,需要使用专业的数据处理软件。常用的数据处理软件包括 Excel、Origin 和 Spss 等。图 1-3 所示为 Excel 处理软件。

图 1-2

图 1-3

3. 玩游戏

Windows XP 系统中自带了一些游戏,包括红心大战、空当接龙、扫雷和纸牌等,用户可以在闲暇之余玩这些游戏。此外,现在在网络中进行的游戏较多,而且用户可以和世界各地的人一同游戏,这更增加了游戏的趣味性。图 1-4 所示为两款游戏。

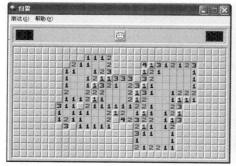

图 1-4

4. 听音乐与看电影

使用电脑可以在线收听广播、听音乐和观看电影。如果将音乐或电影下载到电脑中后，可以使用一些音乐或电影播放软件进行播放。常用的播放软件有千千静听、酷狗音乐、暴风影音和 Realplayer 等，如图 1–5 所示。

图 1–5

Section

1.2 熟悉电脑外观

使用电脑前应先了解电脑各个部件的主要作用，如显示器、主机、键盘和鼠标等。了解其作用将方便对电脑各个部件进行保养，延长其使用寿命。本节将介绍有关电脑外观的知识。

1.2.1 显示器

显示器也称监视器，是可以将机箱中的数据和图片等显示出来的硬件，是电脑中重要的输出设备之一。按照工作原理的不同可以将显示器分为 CRT 显示器和 LCD 显示器；按照尺寸的不同可以将显示器分为 17 英寸、19 英寸、21 英寸和 22 英寸等。下面将按显示器工作原理的不同具体进行介绍。

1. CRT 显示器

CRT 显示器也称纯平显示器,其工作原理是使用电子枪发射高速电子,利用偏转线圈来控制高速电子的偏转角度,高速电子击打屏幕上的磷光物质使其发光,并通过电压对电子束的功率进行调整,在屏幕上形成各种图案和文字。CRT 显示器具有视角广、色彩真实、画面清晰和价格便宜等特点。图1-6 所示为 CRT 显示器。

2. LCD 显示器

LCD 显示器也称液晶显示器,其工作原理是在通电时导通,让液晶有秩序的排列,令光线顺利通过;不通电时,液晶的排列变得混乱,阻止光线通过。LCD 显示器具有机身薄、耗电少、占地小和辐射小等特点。图1-7 所示为 LCD 显示器。

图1-6

图1-7

1.2.2 主机

主机中包含电脑运转所需的主要部件,包括电源、主板、CPU、硬盘、内存、显卡、声卡和网卡等,并在外面使用机箱将这些部件装起来,下面将具体进行介绍。

1. 机箱外部

机箱外部有日常经常使用的一些接口,包括 USB 接口、耳机接口、麦克风接口、电源接口、鼠标接口和键盘接口等,如图1-8 所示。

2. 机箱内部

在机箱的内部有主板、电源、CPU、内存、硬盘、光驱、声卡和显卡等硬件,它们被有序地放置,简洁实用,如图1-9 所示。

图 1-8

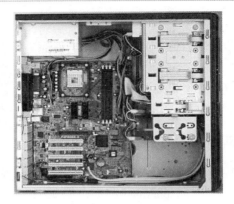

图 1-9

1.2.3 键盘和鼠标

键盘和鼠标是电脑的重要输入设备。利用键盘可以将英文字母、汉字、数字和标点符号等输入到电脑中；鼠标全称为鼠标器，利用鼠标可以将指令输入到主机内。下面将具体介绍有关鼠标与键盘的知识。

1. 键盘

键盘的按键数一般介于 101～110 之间，包括主键盘区、功能键区、编辑键区、数字键区和状态指示灯区，通过接口与主机相连，接口为紫色。键盘按照使用的范围不同可以分为台式机键盘和笔记本键盘；按照用途不同又可以分为防水键盘、多媒体键盘和游戏键盘。图 1-10 所示为台式机键盘。

图 1-10

2. 鼠标

按照工作原理可以将鼠标分为光电鼠标和轨迹球鼠标；按照外形可以分为三键鼠标、滚轴鼠标和感应鼠标；按照有无与主机相连的连接线可以分为有线鼠标和无线鼠标。图 1-11 所示即为鼠标。

图 1-11

1.2.4　音箱

　　音箱是一种将音频信号转换为声音的设备,是电脑的输出设备之一,可以播放电脑中的音乐和影片中的声音。在选购音箱时应以音箱的外形、音色、品牌和手感为主。音箱的组成部分包括扬声器、箱体和分频器。按照使用场合分类,可以将音箱分为专业音箱与家用音箱;按照放音频率分类,可以将音箱分为全频带音箱、低音音箱和超低音音箱;按照用途分类,可以将音箱分为主放音音箱、监听音箱和返听音箱;按照箱体结构分类,可以将音箱分为密封式音箱、倒相式音箱、迷宫式音箱、声波管式音箱和多腔谐振式音箱等。图 1-12 所示为几款音箱。

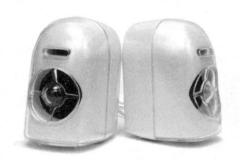

图 1-12

1.2.5　摄像头

　　摄像头是电脑的输入设备,可以将电脑外部的图像输入到电脑内部中。摄像头包括数字摄像头和模拟摄像头两大类。数字摄像头可以直接捕捉影像,并通过串行口、并行口或 USB 接口传入到电脑中;模拟摄像头可以将模拟视频信号转换成数字信号,并将其储存在电脑中。摄像头的主要部件包括主控芯片、感光芯片、镜头和电源。图 1-13 所示为两款摄像头。

图 1-13

1.3　解剖机箱

机箱中包括CPU、主板、硬盘、内存、显卡、声卡和网卡等。了解机箱中不同部件的用途及位置，有利于对这些硬件的维护与保养。本节将具体介绍电脑中的这些硬件。

1.3.1　CPU

CPU 也称中央处理器,是电脑的核心部件,负责电脑中所有数据的传送与交换,主要由运算器、控制器、寄存器组和内部总线等构成。CPU 的性能指标包括主频、外频、前端总线频率、倍频、缓存、CPU 扩展指令集、CPU 内核与 I/O 工作电压等。常用的 CPU 品牌包括 Intel 和 AMD,如图 1-14 所示。

图 1-14

1.3.2　主板

主板是安装在机箱内的电脑最基本的部件之一,用于安装电脑各个部件,包括 BIOS 芯

图 1-24

01 按下显示器电源开关

将电脑的电源与插头连接后，在显示器上按下电源开关，如果显示器电源指示灯变亮，表明显示器电源已经接通。

图 1-25

02 按下主机电源开关

显示器电源开关打开后，在主机上按下电源开关，主机电源指示灯变亮，听到主机机箱里面发出声音，表示电脑主机电源已经接通。

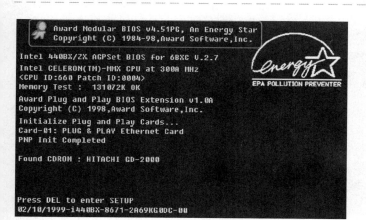

图 1-26

03 进入自检界面

电脑开始启动，系统进入自检界面，显示系统的自检信息。

图 1-27

04 **完成开机操作**

进入 Windows XP 操作界面。通过以上方法即可完成开机的操作。

1.5.2 关机

不准备对电脑进行操作时应将电脑关闭,既节省系统资源也减少对电脑的损害。下面介绍关机的操作方法,如图 1-28 与 1-29 所示。

图 1-28

01 **单击【关闭计算机】按钮**

No1 在 Windows XP 系统桌面上单击【开始】按钮。

No2 在弹出的开始菜单中单击【关闭计算机】按钮。

图 1-29

02 **单击【关闭】按钮**

弹出【关闭计算机】对话框,单击【关闭】按钮。通过以上方法即可完成关闭计算机的操作。

教你一招

快速关机

如果准备快速地进行关机操作,可以使用快速关机法:

在键盘上按下组合键〈Ctrl〉+〈Alt〉+〈Delete〉,弹出【任务管理器】对话框,在键盘上按住〈Ctrl〉键的同时,依次选择【关机】→【关闭】菜单项即可进行快速的关机操作。

Section

1.6　实践案例

本节导读

本章介绍了有关电脑的基础知识, 包括认识电脑、熟悉电脑外观与机箱内部、了解电脑软件和电脑开机与关机的方法。 根据本章介绍的知识,下面以连接显示器和连接键盘与鼠标为例,练习连接电脑的方法。

1.6.1　连接显示器

纯平显示器和液晶显示器与主机的连接方法相同,将显示器与主机相连后方可显示图像。下面介绍连接显示器的方法,如图1-30～图1-32所示。

图 1-30

01 连接信号线

将显示器与主机的连接信号线插头插入主机的显示端口。

图 1-31

02 拧紧螺钉

将插头插入端口后,将显示器信号线两侧的螺钉拧紧。

图 1-32

03 插入电源插座

　　将显示器电源线的另一端插入电源插座中。通过以上方法即可完成连接显示器的操作。

1.6.2　连接键盘和鼠标

　　键盘和鼠标是电脑中重要的输入设备,将键盘和鼠标与主机相连后方可使用。下面介绍连接键盘和鼠标的方法,如图 1-33 与图 1-34 所示。

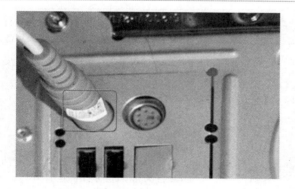

图 1-33

01 连接键盘

　　将键盘的插头插入主机背面的紫色端口中。通过以上方法即可完成连接键盘的操作。

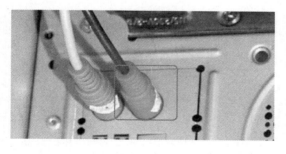

图 1-34

02 连接鼠标

　　将鼠标的插头插入主机背面的绿色端口中。通过以上方法即可完成连接鼠标的操作。

第 2 章

跟电脑握握手

本章内容导读

本章介绍有关键盘和鼠标的知识，包括认识键盘、使用键盘、认识鼠标和使用鼠标等。随后根据本章介绍的知识，以指法练习和设置鼠标为例，练习使用鼠标和键盘的方法。通过本章的学习，读者可以初步掌握控制电脑方面的知识，为进一步学习电脑知识奠定基础。

本章知识要点

- ▣ **认识键盘**
- ▣ **使用键盘**
- ▣ **认识鼠标**
- ▣ **使用鼠标**

本节导读

键盘是电脑最重要的输入设备之一，其硬件接口有普通接口和 USB 接口两种。键盘可以分为主键盘区、功能键区、编辑键区、数字键区和状态指示灯区。本节将介绍有关键盘的知识。

2.1.1　主键盘区

主键盘区是键盘的主要部分，用于输入字母、数字、符号和汉字等，共有 61 个按键，包括 26 个字母键、10 个数字键、11 个符号键和 14 个控制键，如图 2-1 所示。

图 2-1

> 字母键：位于主键盘区的中间位置，包括从〈A〉至〈Z〉共 26 个键，用于输入汉字或英文字母等。

> 数字键：位于主键盘区的上方，包括从〈0〉至〈9〉共 10 个键，用于输入数字。

> 控制键：位于字母键的两侧，包括 14 个键，其中〈Alt〉、〈Shift〉、〈Ctrl〉和〈Windows〉键在键盘的左侧和右侧各有一个，用于辅助一些命令的执行。〈Tab〉键为制表键，单击该键可以向左侧或右侧移动光标，默认情况下移动一次为 8 个字符；〈Caps Lock〉键为大小写锁定键，位于〈Tab〉键的下方，在输入字符时，可用于切换大小写的状态，默认情况下为小写状态；〈Shift〉键为上档键，键盘的左侧和右侧各有一个，如果准备输入按键上方的符号可以在按下〈Shift〉键的同时按下该符号键，在输入汉字时，按下〈Shift〉键可以切换为英文状态；〈Ctrl〉键在键盘的左侧和右侧各有一个，该键不可单独使用，需要与其他按键配合使用，如在 Word 文档中按下组合键〈Ctrl〉+〈S〉可以保存当前的文档；〈Alt〉键为转换键，在键盘的左侧和右侧各有一个，该键不可单独使用，需要与其他按键配合使用，如选中一个文件后，在键盘上按下组合键〈Alt〉+〈Enter〉可以弹出【属性】对话框；〈Space〉键为空格键，是键盘上最长的按键，在键盘上按下该键可以使光标向右一个字符；〈BackSpace〉键为退格键，在键盘上按下该键可以删除光标左侧的字符，每

次可删除一个字符;〈Enter〉键为回车键,在键盘上按下该键可以将光标移动到下一行,如果选中一个文件,在键盘上连续两次按下〈Enter〉键,可以打开该文件;〈Windows〉键在键盘的左侧和右侧各有一个,在键盘上按下该键可以弹出开始菜单,在键盘上按下组合键〈Windows〉+〈D〉可以快速显示桌面。

> 符号键:主键盘区包括 11 个符号键,用于输入标点符号等,默认情况下输入符号键下方的标点,在键盘上按住〈Shift〉键的同时按下符号键可以输入上方的符号。

2.1.2 功能键区

功能键区位于键盘的最上方,包括 16 个按键,用于执行功能,包括〈Esc〉键、〈F1〉~〈F12〉键、〈Wake Up〉键、〈Sleep〉键和〈Power〉键,如图 2-2 所示。

图 2-2

> 〈Esc〉键:也称取消键,位于功能键区的左上角,可以取消当前正在执行的命令。
> 〈F1〉~〈F12〉键:为特殊功能键,按下不同的功能键可以实现相应的功能,在键盘上按下〈F1〉键可以打开帮助窗口;选中一个文件在键盘上按下〈F2〉键可以对其进行重命名操作;在 Windows XP 系统桌面上按下〈F3〉键可以打开【搜索】窗口;启动 IE 浏览器后在键盘上按下〈F4〉键,可以清空地址栏中的内容;在 Windows XP 系统桌面上按下〈F5〉键可以对桌面进行刷新;打开一个窗口后,在键盘上按下〈F6〉键,可以依次选中不同的选项;打开一个窗口在键盘上按下〈F10〉键可以使文件菜单呈选中状态;在一个窗口中按下〈F11〉键,可以使窗口全屏显示。
> 〈Wake Up〉键:也称唤醒键,如果当前系统处于睡眠状态,在键盘上按下该键可以唤醒系统。
> 〈Sleep〉键:也称休眠键,在键盘上按下该键可以使系统进入休眠状态。
> 〈Power〉键:也称电源键,在键盘上按下该键可以执行关机操作。

2.1.3 编辑键区

编辑键区位于主键盘区的右侧,包括 9 个编辑按键和 4 个方向键,主要用于控制光标的位置,如图 2-3 所示。

 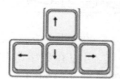

图 2-3

➢〈Print Screen〉键：也称屏幕打印键，在键盘上按下该键可以截取当前屏幕上的图片，并可以在画图程序中将其显示。

➢〈Scroll Lock〉键：也称滚屏锁定键，默认情况下电脑处于滚屏状态，在键盘上按下该键可以将屏幕固定，再次按下该键即可恢复到滚屏状态。

➢〈Pause Break〉键：也称暂停键，当电脑屏幕上的内容动态显示时，在键盘上按下该键可以将其固定，再次按下将恢复到动态显示状态。

➢〈Insert〉键：也称插入键，可以改变当前文字的输入状态，如在 Word 中，默认状态为插入状态，在键盘上按下该键即可更改为改写状态，输入汉字即可替换原有文字。

➢〈Delete〉键：也称删除键，可以删除光标右侧的字符，每次仅能删除一个字符，在键盘上按下组合键〈Shift〉+〈Delete〉可以彻底删除电脑中的文件。

➢〈Home〉键：也称首键，在键盘上按下该键可以将光标定位在当前所在行的行首，在键盘上按下组合键〈Ctrl〉+〈Home〉可以快速地将光标定位在首页。

➢〈End〉键：也称尾键，在键盘上按下该键可以将光标定位在当前所在行的行尾，在键盘上按下组合键〈Ctrl〉+〈End〉可以快速地将光标定位在页尾。

➢〈Page Up〉：也称向上翻页键，在键盘上按下该键可以显示上一页的内容。

➢〈Page Down〉键：也称向下翻页键，在键盘上按下该键可以显示下一页的内容。

➢〈↑〉键：也称光标上移键，在键盘上按下该键，可以将光标向上移动。

➢〈↓〉键：也称光标下移键，在键盘上按下该键，可以将光标向下移动。

➢〈←〉键：也称光标左移键，在键盘上按下该键，可以将光标向左侧移动。

➢〈→〉键：也称光标右移键，在键盘上按下该键，可以将光标向右侧移动。

2.1.4　数字键区

数字键区也称小键盘区，位于编辑键区的最右侧，具有 17 个按键，可以进行输入数字和运算操作，具有数字键和编辑键的双重功能，如图 2-4 所示。

图 2-4

➢〈Num Lock〉键：可以在数字键和编辑键区进行切换，默认情况为数字键区。

➢〈Ins〉键：同编辑键区中的〈Insert〉键。

➢〈Del〉键：同编辑键区中的〈Delete〉键。

2.1.5 状态指示灯区

状态指示灯区位于数字键区的上方,包括〈Num Lock〉数字键盘锁定灯、〈Caps Lock〉大写字母锁定灯和〈Scroll Lock〉滚屏锁定灯 3 个状态指示灯,如图 2-5 所示。

图 2-5

➢ 〈Num Lock〉指示灯:也称数字键盘锁定灯。该灯亮表示数字键区的数字键处于可用状态,反之数字键区处于编辑状态。

➢ 〈Caps Lock〉指示灯:也称大写字母锁定灯。该灯亮表示当前的输入状态为大写字母,反之为小写字母。

➢ 〈Scroll Lock〉指示灯:也称滚屏锁定灯。该灯亮表示在 Dos 状态下可使屏幕滚动显示,反之为固定状态。

Section 2.2 使用键盘

本节导读

键盘是电脑的重要输入设备,使用键盘可以在电脑中输入文字和字母等,使用键盘应学会正确的打字姿势和键位分工,这样可以有效地减少疲劳。本节将介绍使用键盘的方法。

2.2.1 正确的打字姿势

长时间在电脑前工作、学习或娱乐容易疲劳,学会正确的打字姿势可以有效地减少疲劳感。下面将介绍正确的打字姿势。

电脑屏幕和键盘应在打字者的正前方,打字者脖子和手腕保持正直的状态;电脑屏幕的最上方应比打字者的眼睛水平线低,并且打字者眼睛距离电脑屏幕至少一个手臂;打字者身体保持直立,大腿应保持与前手臂平行的姿势,手、手腕和手肘应保持在一条直线上,脚应平放在地板上;椅子的高度应方便打字者手肘保持90°弯曲,手指能够自然地放在键盘的正上方。图2-6 所示为正确的打字姿势。

图 2-6

2.2.2　手指的键位分工

使用键盘打字时,每个手指都有明确的分工,使得手指可以协调配合,并可以增加打字的速度,也为盲打奠定了基础。下面将介绍手指的键位分工知识。

1. 基准键位

键盘中包含8个基准键,分别是〈A〉、〈S〉、〈D〉、〈F〉、〈J〉、〈K〉、〈L〉和〈;〉,其中在〈F〉和〈J〉键上分别有一个凸起的横杠,有助于盲打时手指的定位,基准键位依次对应左手的小指、无名指、中指、食指和右手的食指、中指、无名指、小指,大拇指放在空格键上,如图2-7所示。

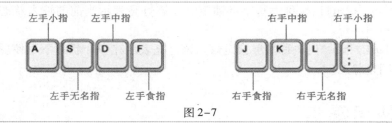

图 2-7

2. 其他键位

按照基准键位放好手指后,手指的其他按键位于该手指所在基准键位的斜上方或斜下方,大拇指放在空格键上,具体的手指分工如图2-8所示。

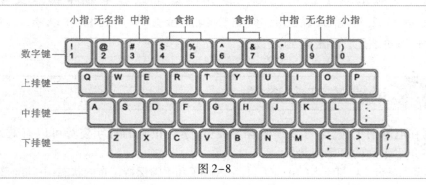

图 2-8

2.3　认识鼠标

Section

本节导读

　　鼠标是电脑重要的输入设备之一,使用鼠标可以对电脑发布命令,执行各种操作,方便简单,使用鼠标也有很多的注意事项。本节将具体介绍有关鼠标的知识。

2.3.1 鼠标的外观

顾名思义,鼠标是因为酷似小老鼠而得名。目前常用的鼠标为三键鼠标,包括鼠标左键、鼠标中键和鼠标右键,如图2-9所示。

鼠标右键

鼠标中键

鼠标左键

图2-9

2.3.2 鼠标的分类

鼠标按接口类型可以分为串行鼠标、PS/2鼠标、总线鼠标和USB鼠标;按照工作原理可以将鼠标分为机械鼠标、光电鼠标和轨迹球鼠标,其中机械鼠标已很少有人使用;按照外形可以分为两键鼠标、三键鼠标、滚轴鼠标和感应鼠标,其中两键鼠标已很少有人使用;按照有无与主机相连的连接线可以将其分为有线鼠标和无线鼠标;另外还有3D鼠标。图2-10所示即为鼠标。

图2-10

2.3.3 使用鼠标的注意事项

使用鼠标时应小心谨慎,以延长鼠标的使用寿命。使用鼠标应注意:避免在粗糙的地方使用鼠标,如地毯和糙木上面;避免在高温和强光下使用鼠标;避免将鼠标浸在液体中。

2.4　使用鼠标

本节导读

　　鼠标是电脑的重要输入设备，了解正确使用鼠标的方法可以有效地减少鼠标对手腕的伤害，学会鼠标的基本操作可以对电脑发布命令。本节将介绍使用鼠标的方法。

2.4.1　正确握持鼠标的方法

　　使用鼠标也有正确的姿势，正确地使用鼠标可以减少其对手腕的伤害，并可以延长鼠标的寿命。下面以三键鼠标为例介绍正确把握鼠标的方法。

　　右手的掌心轻轻压住鼠标，大拇指和小指自然地放在鼠标的两侧，食指和中指分别置于鼠标的左键和右键，右手无名指自然垂下，如图 2-11 所示。

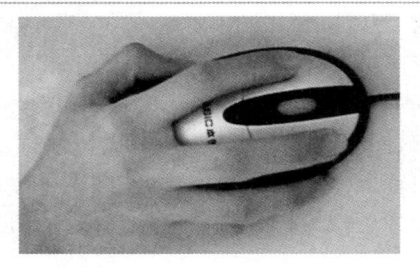

图 2-11

2.4.2　鼠标指针的含义

　　在 Windows XP 中，不同的鼠标指针代表不同的含义，表示当前电脑不同的工作状态，具体的鼠标指针的含义如表 2-1 所示。

表 2-1　鼠标指针的含义

鼠标指针	含　义	鼠标指针	含　义
⍩	正常选择	⊘	不可用
⍩?	帮助选择	↕	垂直调整
⍩⧖	后台运行	↔	水平调整
⧖	忙	⤡ 或 ⤢	沿对角线方向调整
＋	精确选择	✛	移动
Ｉ	文本选择	↑	候选
✎	手写状态	⏚	链接

2.4.3 鼠标的基本操作

鼠标的基本操作包括移动、单击、右键单击、双击和拖动等,掌握鼠标的基本操作可以对电脑发布命令。下面介绍鼠标的基本操作知识。

1. 移动

移动鼠标是指将鼠标从一个位置移动到另一个位置,如将鼠标从【我的文档】窗口中的一个位置移动到【图片收藏】文件夹旁,如图2-12所示。

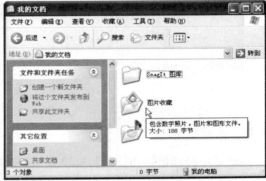

图 2-12

2. 单击

单击鼠标是指将鼠标指针移动到目标位置后,按下鼠标左键并迅速弹起的过程,如在【我的文档】窗口中单击【图片收藏】文件夹,如图2-13所示。

3. 右键单击

右键单击同单击相似,是指将鼠标指针移到目标位置后,按下鼠标右键并迅速弹起的过程,如在【我的文档】窗口中右键单击【图片收藏】文件夹,如图2-14所示。

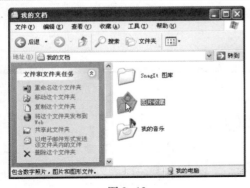

图 2-13   图 2-14

25

4. 双击

双击是指移动鼠标指针至目标位置后,连续两次按下鼠标左键并迅速弹起的过程,双击可以打开某个窗口或启动程序等,如在【我的电脑】窗口中双击【本地磁盘C】图标,如图2-15所示。

图2-15

5. 拖动

拖动是指移动鼠标指针至目标位置后,按住鼠标左键不放并将文件等移动到其他位置后释放鼠标左键的过程,如在【本地磁盘C】盘符中拖动【WINDOWS】文件夹,如图2-16所示。

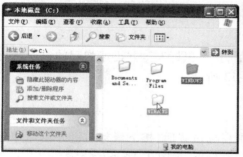

图2-16

Section
2.5 实践案例

本节导读

　　本章介绍了有关键盘和鼠标的知识,包括认识键盘、使用键盘、认识鼠标和使用鼠标等。 下面根据本章介绍的知识,以指法练习和设置鼠标为例,练习使用鼠标和键盘的方法。

2.5.1 指法练习

掌握了正确的打字指法后,可以练习在电脑中输入英文。下面以输入"Never give up"英文诗为例,在记事本中练习指法,如图2-17与图2-18所示。

素材文件	配套素材\第2章\素材文件\Never give up. txt
效果文件	配套素材\第2章\效果文件\Never give up. txt

图 2-17

01 启动记事本程序

No1 在 Windows XP 系统桌面上单击【开始】按钮 。

No2 在弹出的开始菜单中选择【所有程序】菜单项。

No3 选择【附件】菜单项。

No4 选择【记事本】菜单项。

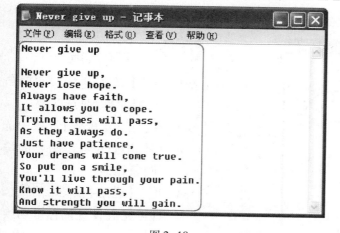

图 2-18

02 输入诗词

启动记事本后,在编辑区中输入英文诗词。

举一反三

在键盘上按下〈Shift〉键可以在大写与小写字母间进行切换。

2.5.2 设置鼠标

如果使用电脑的人习惯使用左手操作鼠标,可以在电脑中将鼠标的主要和次要按钮进行切换。下面介绍设置鼠标的方法,如图2-19~图2-21所示。

图 2-19

01 选择【控制面板】菜单项

No1 在 Windows XP 系统桌面上
单击【开始】按钮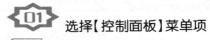。

No2 在弹出的开始菜单中选择
【控制面板】菜单项。

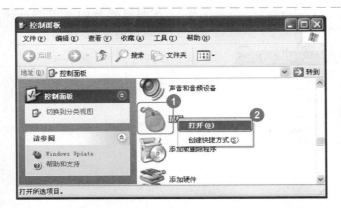

图 2-20

02 选择【打开】菜单项

No1 打开【控制面板】窗口,右
键单击【鼠标】图标。

No2 在弹出的快捷菜单中选择
【打开】菜单项。

图 2-21

03 设置鼠标切换

No1 弹出【鼠标 属性】对话框,
选择【鼠标键】选项卡。

No2 在【鼠标键配置】区域中选
中【切换主要和次要的按
钮】复选框。

No3 单击【确定】按钮 确定
即可完成设置鼠标键切换
的操作。

第 3 章

初次进入
Windows XP 世界

本章内容导读

本章介绍有关 Windows XP 界面的知识,包括认识 Windows XP 桌面、Windows 窗口、认识菜单与对话框和设置 Windows XP 桌面的方法。根据本章介绍的知识,将以更改图标排列方式和设置开始菜单样式为例,练习对 Windows XP 系统的操作方法。通过本章的学习,读者可以初步掌握 Windows XP 系统的知识,为进一步学习电脑知识奠定基础。

本章知识要点

- ☑ 认识 Windows XP 桌面
- ☑ 认识 Window 窗口
- ☑ 认识菜单和对话框
- ☑ 设置 Windows XP 桌面

3.1 认识 Windows XP 桌面

本节导读

Windows XP 桌面是指启动电脑后进入的界面，包括桌面背景、桌面图标、开始菜单和任务栏。本节将介绍 Windows XP 系统桌面的有关知识。

3.1.1 桌面背景

桌面背景是指 Windows XP 操作系统中的背景图片。桌面背景有拉伸、平铺和居中 3 种状态，默认情况下桌面背景为蓝天白云，拉伸状态。用户也可以根据自己的喜好更改桌面的背景。图 3-1 所示为两款桌面背景。

图 3-1

3.1.2 桌面图标

桌面图标分为系统图标和快捷方式图标，在桌面上双击图标可以快速打开一些窗口或启动一些程序，下面将具体进行介绍。

1. 系统图标

系统图标为系统自带的图标，包括我的电脑、网上邻居、我的文档、回收站和 IE 浏览器等，这些图标可以被隐藏或显示。图 3-2 所示即为系统图标。

图 3-2

2. 快捷方式图标

在安装一些程序时提示是否将快捷方式图标放置在桌面上,此外,用户也可以自己定义文件或程序的快捷方式,利用快捷方式图标可以快速地打开文件或启动程序。图3-3所示为快捷方式图标。

图3-3

3.1.3 开始菜单

开始菜单包括【固定程序】列表、【常用程序】列表、【所有程序】列表、【启动菜单】列表和【关闭选项】区域,下面将具体进行介绍。

1.【固定程序】列表

在【固定程序】列表中默认包括IE浏览器和电子邮件程序,也可以自行添加程序图标,如图3-4所示。单击程序图标可以快速地启动程序。

2.【常用程序】列表

在【常用程序】列表中显示最近经常使用的程序图标,如图3-5所示。单击这些程序的图标即可快速启动该程序。

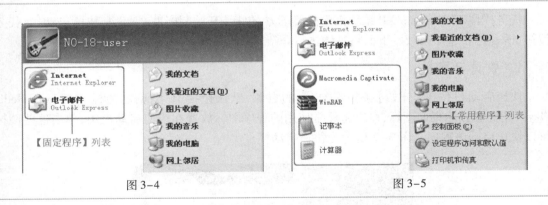

图3-4　　　　　　　　　　图3-5

3.【所有程序】列表

在开始菜单中选择【所有程序】菜单项,即可显示【所在程序】列表。在该列表中显示安装在系统中的所有程序,选择相应的菜单可以启动该程序,如图3-6所示。

4.【启动菜单】列表

在【启动菜单】列表中显示系统程序,可以打开窗口和运行程序,包括【我的文档】、【我最近

的文档】、【图片收藏】、【我的音乐】、【我的电脑】、【网上邻居】、【控制面板】、【搜索】和【运行】等
菜单项,如图 3-7 所示。

图 3-6   图 3-7

5.【关闭选项】区域

在开始菜单中的【关闭选项】区域包括【注销】按钮和【关闭计算机】按钮,如图 3-8
所示。单击按钮可以进行注销或关机计算机的操作。

图 3-8

3.1.4 任务栏

任务栏位于 Windows XP 系统桌面的最下方,包括【开始】按钮、快速启动栏、任务
按钮、语言栏和通知区域。下面将具体进行介绍。

1. 快速启动栏

快速启动栏位于【开始】按钮的右侧,默认包括 IE 浏览器图标、Windows Media
Player 图标和显示桌面图标,可以将经常使用的程序图标放置在快速启动栏中,单击这些图标
可以快速启动该程序。图 3-9 所示为快速启动栏。

图 3-9

2. 任务按钮

任务按钮位于快速启动栏的右侧,打开的程序或文件窗口将会在任务栏按钮区中显示为
任务按钮,如图 3-10 所示。

图 3-10

3. 语言栏

语言栏位于任务按钮右侧,可以在语言栏中选择准备应用的输入法并对其进行设置等,如添加和删除输入法等。图 3-11 所示即为语言栏。

图 3-11

4. 通知区域

通知区域位于任务栏的最右侧,可以显示一些程序的运行状态、快捷方式和系统图标等,如图 3-12 所示。

图 3-12

Section 3.2 认识 Windows XP 窗口

本节导读

在 Windows XP 系统中将一个可以放大、缩小、关闭或移动的特定区域称为窗口。在 Windows XP 系统中进行操作时会打开某些窗口。本节将介绍有关 Windows XP 窗口的知识。

3.2.1 打开窗口

如果准备对一个文件或文件夹进行操作,应先打开这个特定的窗口。下面以打开【我的电脑】窗口为例,介绍打开窗口的方法,如图 3-13 与图 3-14 所示。

图 3-13

01 选择【打开】菜单项

No1 在 Windows XP 系统桌面上右键单击【我的电脑】图标。

No2 在弹出的下拉菜单中选择【打开】菜单项。

图 3-14

02 打开【我的电脑】窗口

通过以上方法即可完成打开【我的电脑】窗口的操作。

3.2.2 窗口的组成

Windows XP 窗口由标题栏、菜单栏、工具栏、地址栏、任务窗格、窗口工作区、状态栏和滚动条等组成,下面将具体进行介绍。

1. 标题栏

标题栏位于窗口的最上方,用于显示窗口名称、【最小化】按钮、【最大化】按钮/【向下还原】按钮和【关闭】按钮,如图 3-15 所示。

图 3-15

2. 菜单栏

菜单栏位于标题栏的下方。Windows XP 系统窗口中包括【文件】、【编辑】、【查看】、【收藏】、【工具】和【帮助】等主菜单,如图 3-16 所示。

图 3-16

3. 工具栏

工具栏位于菜单栏的下方,包括一些常用的命令按钮,如【后退】按钮、【前进】按钮、【向上】按钮、【搜索】按钮、【文件夹】按钮和【查看】按钮等,如图 3-17 所示。单击这些按钮可以快速的执行某些操作。

图 3-17

4. 地址栏

地址栏位于工具栏的下方,显示当前打开窗口的地址,如图3-18所示。在地址栏中输入准备打开窗口的地址,单击【转到】按钮  即可打开文件或文件夹窗口。

图3-18

5. 任务空格

任务窗格位于窗口的左侧,用于显示常用的程序和信息,包括系统任务、其他位置和详细信息等,如图3-19所示。

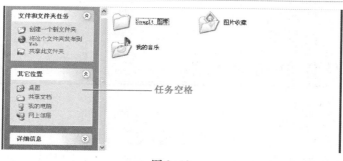

图3-19

6. 窗口工作区

窗口工作区位于任务窗格的右侧,用于显示准备进行操作的对象,可以快速地对对象进行操作,如图3-20所示。

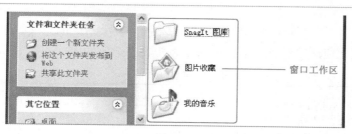

图3-20

7. 状态栏

状态栏位于窗口的最下方,用于显示当前窗口的运行状态和信息等,如拥有的文件数量和文件的大小等,如图3-21所示。

3 个对象	15.8 KB	我的电脑

图 3-21

8. 滚动条

如果一个窗口中包含的内容太多,整个窗口显示不完全,可以通过滚动条进行调节,选择对象,如图 3-22 所示。

图 3-22

3.3 认识菜单和对话框

菜单和对话框是对电脑进行操作的基本元素,了解菜单与对话框中各个选项的意义,将更方便对电脑进行操作。本节将详细介绍有关菜单和对话框的知识。

3.3.1 认识菜单标记

在执行操作时需要选择菜单,菜单中有许多标记,表示不同的意义。了解菜单标记的意思,可以更加方便地使用菜单。菜单标记的意义如表 3-1 所示。

表 3-1　菜单标记的意义

菜 单 标 记	意　　义	菜 单 标 记	意　　义
...	表示可以打开对话框	√	表示菜单为启用状态
·	表示该菜单为有效状态	▶	表示该菜单可以弹出子菜单

3.3.2 认识对话框

对话框是电脑和使用者进行交流的工具。对话框中包含有许多符号,具有不同的意义。了解这些符号的意义可以准确地与电脑进行交流,下面将具体进行介绍。

1. 选项卡

如果一个对话框中有许多内容,对话框中将对这些信息按照相似度进行分类,使用选项卡对其进行操作,如图3-23所示。

2. 文本框

文本框是空白的矩形方框,在文本框中可以输入准备传达给操作系统的信息,如保存的文件名称等,如图3-24所示。

图3-23　　　　　　　　　　　　　　　　图3-24

3. 下拉列表框

在下拉列表框的右侧有一个下拉箭头,单击该箭头可以弹出一个列表,显示能进行操作的所有的选项,如图3-25所示。

4. 单选项

单选项是一个圆圈,选中时为实心的圆圈,在一组中仅可以选中一个单选项,其余为不被选中状态,如图3-26所示。

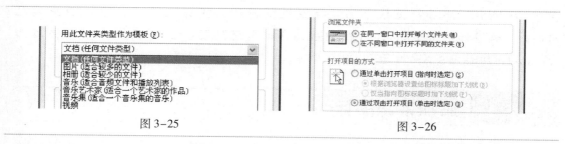

图3-25　　　　　　　　　　　　　　　　图3-26

5. 复选框

复选框为一个矩形方框,在一组中可以同时选中多个复选框,可以对一个选项同时达到多个效果,如图3-27所示。

6. 命令按钮

命令按钮为凸起的方框,每个命令按钮上写着该按钮的名称,单击该按钮可以执行相应的命令,如图3-28所示。

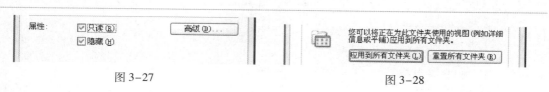

图3-27　　　　　　　　　　　　　　　　图3-28

7. 微调框

微调框的左侧为文本框,右侧由按钮组成,包括【向上】按钮 ▲ 和【向下】按钮 ▼ ,如图 3-29 所示。在微调框中可以通过单击【向上】按钮 ▲ 或【向下】按钮 ▼ 调节文本框中的数值。

8. 工作区域

工作区域中可以包含执行相似命令的单选项、复选框、微调框、文本框和命令按钮等,如图 3-30 所示。

图 3-29   图 3-30

Section

3.4 设置 Windows XP 桌面

在 Windows XP 系统桌面上有系统图标和快捷方式图标,可以根据自己工作、学习和生活的需要对 Windows XP 桌面的图标进行设置,下面将具体介绍对 Windows XP 桌面设置的方法。

3.4.1 添加系统图标

在 Windows XP 系统桌面上可以将不需要的系统图标隐藏,也可以自定义添加系统图标,下面介绍添加系统图标的方法,如图 3-31 ~ 图 3-35 所示。

图 3-31

01 选择【属性】菜单项

No1 在 Windows XP 系统桌面上右键单击。

No2 在弹出的快捷菜单中选择【属性】菜单项。

图 3-32

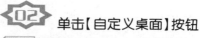

02 单击【自定义桌面】按钮

No1 弹出【显示 属性】对话框，选择【桌面】选项卡。

No2 在【背景】列表框下方单击【自定义桌面】按钮。

图 3-33

03 选中【我的电脑】复选框

No1 弹出【桌面项目】对话框，选择【常规】选项卡。

No2 在【桌面图标】区域中选中【我的电脑】复选框。

No3 单击【确定】按钮 。

图 3-34

04 单击【确定】按钮

No1 返回到【显示 属性】对话框。

No2 单击【确定】按钮 。

 举一反三

如果准备隐藏系统图标，可以在【桌面项目】对话框的【桌面图标】区域中取消选中该图标的复选框。

图 3-35

05 完成操作

通过以上方法即可在 Win-
dows XP 系统桌面上添加【我的电
脑】图标。

3.4.2 添加快捷方式图标

如果经常使用某个程序或经常打开的窗口,可以在 Windows XP 系统桌面上添加其快捷方
式图标以方便使用。下面将介绍添加快捷方式图标的方法,如图 3-36 与图 3-37 所示。

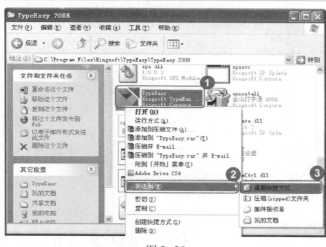

图 3-36

01 选择【桌面快捷方式】菜
单项

No 1 打开准备添加快捷方式的
图标窗口,右键单击该
图标。

No 2 在弹出的快捷菜单中选择
【发送到】菜单项。

No 3 在弹出的子菜单中选择【桌
面快捷方式】子菜单项。

图 3-37

02 完成添加快捷方式图标

通过以上方法即可添加快捷
方式图标,双击该图标即可启动该
程序。

实践案例

本节导读

本章介绍了有关 Windows XP 界面的知识，包括认识 Windows XP 桌面、Windows 窗口、认识菜单与对话框和设置 Windows XP 桌面的方法。根据本章介绍的知识，下面以更改图标排列方式和设置开始菜单样式为例，练习对 Windows XP 系统的操作方法。

3.5.1 更改图标排列方式

图标的排列方式包括按照名称、大小、类型和修改时间等，在查找文件时可以通过更改图标排列方式进行查找，下面将介绍具体的方法，如图 3-38 与图 3-39 所示。

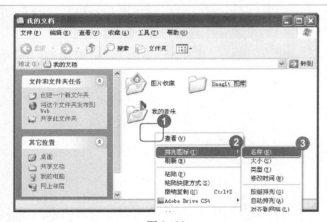

图 3-38

01 选择【名称】菜单项

No1 打开准备排列图标的文件夹，在空白位置右键单击。

No2 在弹出的快捷菜单中选择【排列图标】菜单项。

No3 在弹出的子菜单中选择【名称】子菜单项。

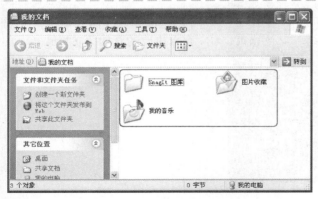

图 3-39

02 完成更改图标排列方式

通过以上方法即可完成更改图标排列方式的操作。

3.5.2 设置开始菜单样式

开始菜单包括【「开始」菜单】和【经典「开始」菜单】两种样式,可以根据个人的喜好进行更改,下面将介绍具体的操作方法,如图 3-40 ~ 图 3-42 所示。

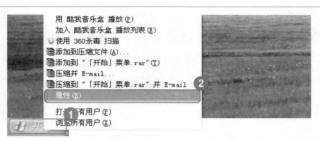

图 3-40

01 选择【属性】菜单项

No1 在 Windows XP 系统桌面上右键单击【开始】按钮 ⏺ 开始 。

No2 选择【属性】菜单项。

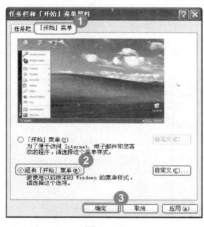

图 3-41

02 选择开始菜单样式

No1 弹出【任务栏和「开始」菜单属性】对话框,选择【「开始」菜单】选项卡。

No2 选中【经典「开始」菜单】单选项。

No3 单击【确定】按钮 确定 。

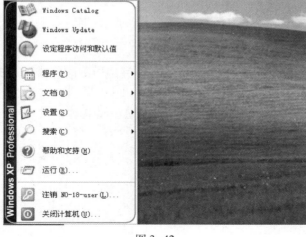

图 3-42

03 完成更改开始菜单样式

在 Windows XP 系统桌面上再次单击【开始】按钮 ⏺ 开始 即可查看更改的开始菜单样式。

第 4 章
设置个性化电脑

本章内容导读

本章介绍有关设置电脑的知识,包括设置 Windows XP 账户、桌面、任务栏和通知区域等。根据本章介绍的知识,将以设置账户密码和设置桌面外观为例,练习对 Windows XP 操作系统的设置。通过本章的学习,读者可以初步掌握设置 Windows XP 系统方面的知识,为进一步学习电脑知识奠定基础。

本章知识要点

- ☑ 拥有多个 Windows XP 账户
- ☑ 设置漂亮桌面
- ☑ 设置任务栏
- ☑ 设置通知区域

Section
4.1 拥有多个 Windows XP 账户

本节导读

默认情况下，Windows XP 系统账户只有一个，用来记录用户名、口令、所属网络、个人文件和 Windows 设置等。本节将介绍在 Windows XP 系统中创建并设置账户的方法。

4.1.1 创建新账户

默认情况下，Windows XP 系统账户只有一个计算机管理员账户，如果多个人使用一台电脑可以创建其他账户，下面将介绍具体的方法，如图 4-1 ~ 图 4-5 所示。

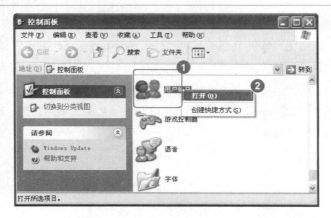

图 4-1

01 选择【打开】菜单项

No1 打开【控制面板】窗口，右键单击【用户账户】图标。

No2 在弹出的快捷菜单中选择【打开】菜单项。

图 4-2

02 单击【创建一个新账户】超链接

No1 打开【用户账户】窗口，进入【挑选一项任务】界面。

No2 单击【创建一个新账户】链接。

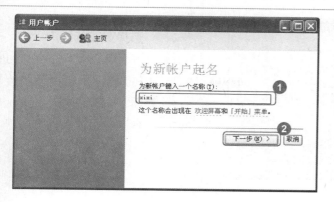

图 4-3

03 输入账户名称

No1 进入【为新账户起名】界面,在【为新账户键入一个名称】文本框中输入准备应用的名称。

No2 单击【下一步】按钮

`下一步 (N) >`。

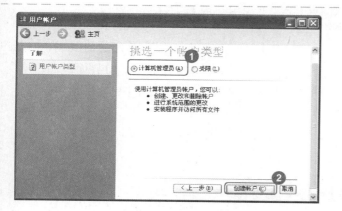

图 4-4

04 选择账户类型

No1 进入【挑选一个账户类型】界面,默认选中【计算机管理员】单选项。

No2 单击【创建账户】按钮 `创建帐户 (C)`。

图 4-5

05 完成创建账户

通过以上方法即可完成在 Windows XP 系统中创建账户的操作。

4.1.2 设置账户头像

如果多人使用一台电脑时,可以将自己的账户头像重新设置,以免被人错误登录。下面介绍设置账户头像的方法,如图 4-6 ~ 图 4-9 所示。

图 4-6

01 选择更改的账户

No1 打开【用户账户】窗口,进入【或挑一个账户做更改】界面。

No2 选择准备更改头像的账户。

图 4-7

02 单击【更改图片】链接

No1 进入【您想更改 xixi 的账户的什么?】界面。

No2 单击【更改图片】链接。

图 4-8

03 选择应用的图片

No1 进入【为 xixi 账户挑选一个新图像】界面,选择准备应用的图像。

No2 单击【更改图片】按钮 更改图片(C)。

图 4-9

04 完成更改头像

通过以上方法即可完成更改账户头像的操作。

设置漂亮的桌面

本节导读

　　Windows XP 系统的显示属性包括桌面背景、主题和屏幕保护程序等。这些属性可以按照自己的喜好和个性重新进行设置。本节将介绍设置漂亮桌面的有关方法。

4.2.1 设置桌面背景

　　Windows XP 系统默认的桌面背景为蓝天白云图片,用户可以使用系统自带的图片或网上的图片作为自己的桌面背景。下面介绍设置桌面背景的方法,如图4-10 ~ 图4-12 所示。

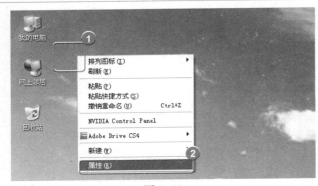

图 4-10

01 选择【属性】菜单项

No1 在 Windows XP 系统桌面上的空白位置右键单击。

No2 在弹出的快捷菜单中选择【属性】菜单项。

图 4-11

02 选择更改的图片

No1 弹出【显示 属性】对话框,选择【桌面】选项卡。

No2 在【背景】列表框中选择准备应用的背景图片。

No3 单击【确定】按钮 确定 。

图 4-12

03 完成更改桌面背景

通过以上方法即可完成更改 Windows XP 桌面背景的操作。

4.2.2 设置桌面主题

桌面主题包括桌面背景、窗口和按钮等样式,用户可以使用默认 Windows XP 系统主题,也可以自定义桌面主题。下面介绍设置桌面主题的方法,如图 4-13 与图 4-14 所示。

图 4-13

01 选择应用的主题

No1 打开【显示 属性】对话框,选择【主题】选项卡。

No2 在【主题】下拉列表框中选择准备应用的 Windows 主题,如【Windows 经典】。

No3 单击【确定】按钮 确定

图 4-14

02 完成更改桌面主题

更改主题后,在 Windows XP 系统桌面上打开【我的文档】窗口即可查看更改的主题效果。

4.2.3　设置屏幕保护程序

屏幕保护是指当屏幕一定时间内没有刷新时,用于保护电脑的一种程序,它可以增加显示器的寿命。下面介绍设置屏幕保护程序的方法,如图4-15~图4-16所示。

图 4-15

01 选择应用的屏幕保护程序

No1 打开【显示 属性】对话框,选择【屏幕保护程序】选项卡。

No2 在【屏幕保护程序】列表框中选择准备应用的屏幕保护程序,如【三维管道】。

No3 单击【确定】按钮 确定 。

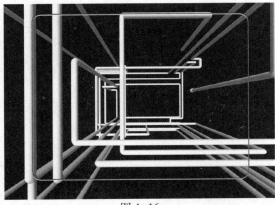

图 4-16

02 完成更改屏幕保护程序

通过以上方法即可完成更改 Windows XP 屏幕保护程序的操作。

4.3　设置任务栏

本节导读

任务栏包括快速启动栏和通知区域等,默认情况下在快速启动栏和通知区域中都包含一些图标,这些图标可以在不使用的情况下被隐藏。 本节将介绍设置任务栏的具体方法。

4.3.1　隐藏快速启动栏

如果不使用快速启动栏中的图标,可以将其隐藏,以免无意中单击快速启动栏中的图标启动程序,下面将介绍具体的方法,如图4-17~图4-19所示。

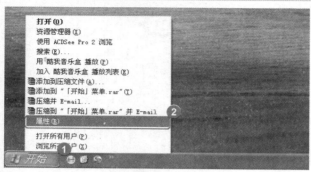

图 4-17

01 选择【属性】菜单项

No1 在 Windows XP 系统桌面上单击【开始】按钮。

No2 在弹出的快捷菜单中选择【属性】菜单项。

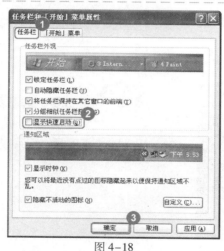

图 4-18

02 取消选中复选框

No1 弹出【任务栏和「开始」菜单属性】对话框,选择【任务栏】选项卡。

No2 在【任务栏外观】区域中取消选中【显示快速启动】复选框。

No3 单击【确定】按钮 确定 。

图 4-19

03 完成隐藏快速启动栏

通过以上方法即可完成隐藏快速启动栏的操作。

4.3.2　隐藏通知区域图标

通知区域的图标可以显示当前系统的运行程序或状态,但是太多的图标则会占用任务栏的大部分位置,因此可以将这些图标隐藏。下面介绍隐藏通知区域图标的具体操作方法,如图4-20~图4-24所示。

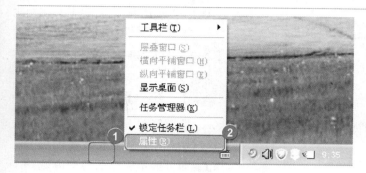

图 4-20

01 选择【属性】菜单项

No1 在任务栏的空白位置右键单击。

No2 在弹出的快捷菜单中选择【属性】菜单项。

图 4-21

02 单击【自定义】按钮

No1 弹出【任务栏和「开始」菜单属性】对话框,选择【任务栏】选项卡。

No2 在【通知区域】区域中选中【隐藏不活动的图标】复选框。

No3 单击【自定义】按钮 自定义(C)...。

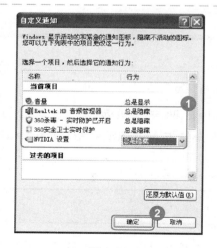

图 4-22

03 设置隐藏项目

No1 弹出【自定义通知】对话框,在【当前项目】区域中单击准备隐藏的项目右侧的【行为】下拉列表框,选择【总是隐藏】列表项。

No2 单击【确定】按钮 确定。

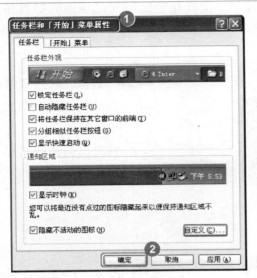

图 4-23

单击【确定】按钮

No1 返回到【任务栏和「开始」菜单属性】对话框。

No2 单击【确定】按钮。

举一反三

隐藏通知区域图标后在通知区域中单击【显示隐藏的图标】按钮◀即可显示完整的通知区域。

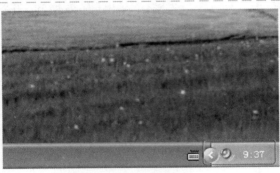

图 4-24

05 完成隐藏通知区域图标

通过以上方法即可完成隐藏通知区域图标的操作。

Section 4.4 设置通知区域

本节导读

默认情况下，通知区域中包含音量和日期与时间选项，可以对当前的日期、时间与音量进行设置。本节将具体介绍在 Windows XP 系统中对通知区域的日期与时间和音量进行设置的方法。

4.4.1 设置日期和时间

如果电脑中毒，系统的日期与时间可能被修改,这时可以手动进行调整。下面将介绍设置日期与时间的方法,如图 4-25 ~ 图 4-27 所示。

图 4-25

01 选择【调整日期/时间】菜单项

No1 在通知区域的日期和时间位置右键单击。

No2 在弹出的快捷菜单中选择【调整日期/时间】菜单项。

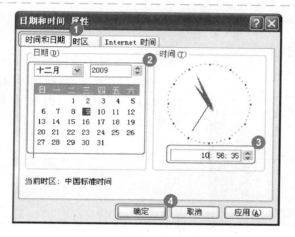

图 4-26

02 调整日期与时间

No1 弹出【日期和时间 属性】对话框，选择【时间和日期】选项卡。

No2 在【日期】区域中调整日期。

No3 在【时间】区域中调整时间。

No4 单击【确定】按钮 确定 。

图 4-27

03 完成调整日期与时间

通过以上方法即可完成调整日期与时间的操作。将鼠标指针定位在日期和时间区域中即可显示当前的日期与时间。

4.4.2 设置音量

如果准备使用电脑听音乐或观看电影，可以自行调节电脑的音量。下面介绍设置音量的具体方法，如图 4-28 与图 4-29 所示。

图 4-28

01 单击并拖动滑块

No1 在 Windows XP 系统桌面的通知区域中单击【音量】图标。

No2 在弹出的音量控制菜单中单击并拖动【音量】滑块至目标位置。

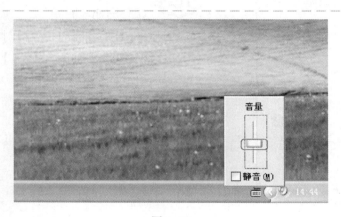

图 4-29

02 完成设置音量

通过以上方法即可完成在 Windows XP 系统中设置音量的操作。

Section

4.5　实践案例

本章介绍了有关设置电脑的知识，包括设置 Windows XP 账户、桌面、任务栏和通知区域等。根据本章介绍的知识，下面以设置账户密码和设置桌面外观为例，练习对 Windows XP 操作系统的设置。

4.5.1　设置账户密码

在多人使用一台电脑的情况下，为了保证自己账户下的文件安全，可以为自己的账户设置密码，下面介绍具体的方法，如图 4-30 与图 4-31 所示。

图 4-30

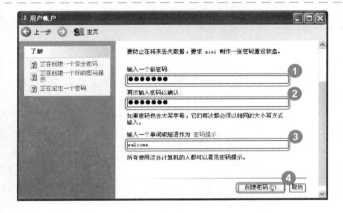

图 4-31

01 单击【创建密码】链接

No1 打开准备创建密码的账户，进入【您想更改 xixi 的账户的什么?】界面。

No2 单击【创建密码】链接。

02 创建密码

No1 在【输入一个新密码】文本框中输入准备创建的密码。

No2 在【再次输入密码以确认】文本框中再次输入密码。

No3 在【输入一个单词或短语作为密码提示】文本框中输入单词。

No4 单击【创建密码】按钮即可创建密码。

4.5.2 设置桌面外观

桌面外观包括设置窗口、按钮颜色和字体大小等,用户可以将自己喜欢的颜色设置为Windows XP 系统的外观,下面介绍具体的方法,如图 4-32 与图 4-33 所示。

图 4-32

01 选择外观样式

No1 打开【显示 属性】对话框,选择【外观】选项卡。

No2 设置色彩方案和字体大小的样式。

No3 单击【确定】按钮。

图 4-33

02 完成设置外观样式

通过以上方法即可完成更改 Windows XP 桌面外观的操作。

📖 读书笔记

第5章
轻松输入文字

本章内容导读

本章介绍有关在电脑中输入文本的知识，包括设置输入法、输入字符、使用智能 ABC 输入法和搜狗拼音输入法等，在本章的最后还以使用模糊音和输入繁体字为例，练习在电脑中输入文本的方法。通过本章的学习，读者可以初步掌握在电脑中输入文本的知识，为进一步学习电脑知识奠定基础。

本章知识要点

☑ 设置输入法
☑ 输入字符
☑ 智能 ABC 输入法
☑ 搜狗拼音输入法

设置输入法

本节导读

输入法是可以在电脑中输入文字的软件，在使用电脑输入文字时可以先对输入法进行设置，如添加输入法和删除输入法等。 本节将介绍在 Windows XP 系统中设置输入法的方法。

5.1.1 添加输入法

系统中自带了许多输入法，用户可以根据自己输入汉字的习惯自行添加，下面介绍具体的操作方法，如图 5-1 ~ 图 5-5 所示。

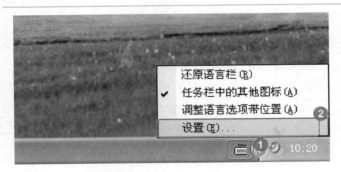

图 5-1

01 选择【设置】菜单项

No1 在任务栏中右键单击【输入法】图标。

No2 在弹出的快捷菜单中选择【设置】菜单项。

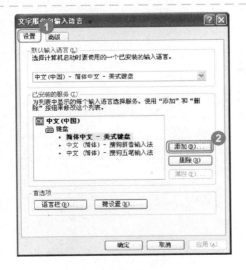

图 5-2

02 单击【添加】按钮

No1 弹出【文字服务和输入语言】对话框，选择【设置】选项卡。

No2 在【已安装的服务】区域中单击【添加】按钮。

图 5-3

03 选择添加的输入法

No1 弹出【添加输入语言】对话框,在【键盘布局/输入法】下拉列表框中选择准备添加的输入法。

No2 单击【确定】按钮 确定 。

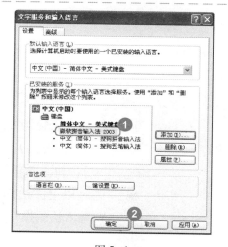

图 5-4

04 单击【确定】按钮

No1 返回到【文字服务和输入语言】对话框,显示添加的输入法。

No2 单击【确定】按钮 确定 。

图 5-5

05 完成添加输入法

No1 在 Windows XP 系统中再次单击【输入法】图标。

No2 通过以上方法即可查看添加的输入法。

5.1.2 删除输入法

如果系统中的输入法过多,影响了选择,可以将多余的输入法删除。下面介绍删除输入法的具体方法,如图 5-6 与图 5-7 所示。

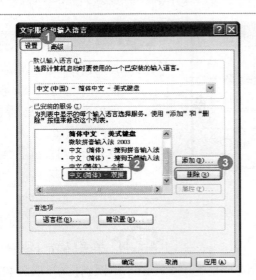

图 5-6

01 单击【删除】按钮

No1 打开【文字服务和输入语言】对话框,选择【设置】选项卡。

No2 在【已安装的服务】区域中选择准备删除的输入法。

No3 单击【删除】按钮 [删除(R)] 。

图 5-7

02 完成删除输入法

No1 删除输入法后,单击【确定】按钮 [确定] 。

No2 通过以上方法即可完成删除输入法的操作。

牵一反三

对于自行安装的输入法,可以在不使用时,在开始菜单中将其卸载。

Section

5.2 输入字符

本节导读

字符包括中文字符、英文字符和特殊符号等,在进行字符输入时应先选择输入法。 本节将介绍有关输入字符的知识。

5.2.1 选择输入法

如果准备输入文本,需要先选择输入法。下面以在记事本中选择输入法为例,介绍选择输入法的方法,如图5-8与图5-9所示。

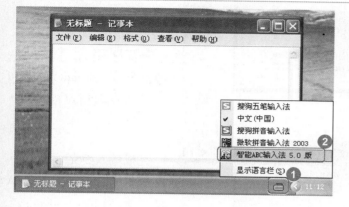

01 选择智能 ABC 输入法

No1 启动记事本程序后,单击【输入法】图标。

No2 在弹出的下拉菜单中选择准备应用的输入法,如【智能 ABC 输入法 5.0 版】。

图 5-8

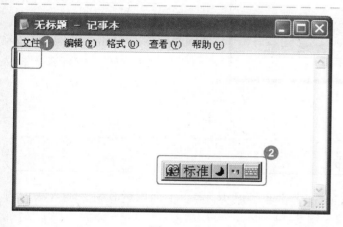

02 完成选择输入法

No1 将光标定位在记事本中。

No2 通过以上方法即可完成选择输入法的操作,在记事本中显示输入法的状态条。

图 5-9

 教你一招

快速选择输入法

打开记事本程序后,在键盘上按下组合键〈Ctrl〉+〈Shift〉可以在输入法中快速地进行切换。

5.2.2 输入英文字符

输入英文也要先选择输入法,输入法可在中文和英文之间进行切换。下面介绍在记事本中输入英文字符的方法,如图5-10与图5-11所示。

图 5-10

01 单击【中文/英文输入】按钮

打开记事本,选择微软拼音输入法,单击【中文/英文输入】按钮中。

举一反三

在键盘上按下〈Shift〉键也可以在中文和英文之间进行切换。

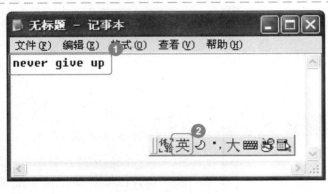

图 5-11

02 完成输入英文

No1 在记事本中输入准备输入的英文,如"never give up"。通过以上方法即可完成输入英文的操作。

No2 再次单击【中文/英文输入】按钮英即可再次输入中文。

5.2.3 输入特殊符号

使用输入法可以输入特殊字符,如"☆"、"§"和"¤"等。下面以微软拼音输入法为例,介绍输入特殊符号的方法,如图 5-12 ~ 图 5-14 所示。

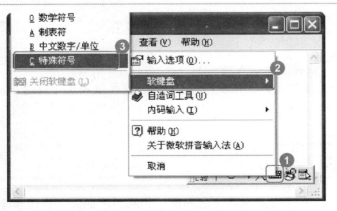

图 5-12

01 选择【特殊符号】菜单项

No1 打开记事本,选择微软拼音输入法,右键单击【软键盘】图标。

No2 选择【软键盘】菜单项。

No3 选择【特殊符号】子菜单项。

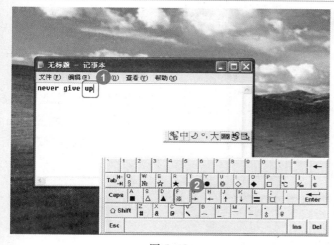

图 5-13

02 单击特殊符号按键

No.1 将光标定位在准备输入特殊符号的位置。

No.2 在软键盘上单击准备插入的特殊符号按键。

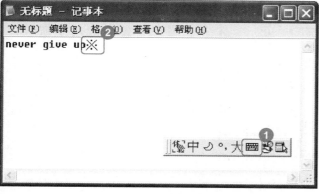

图 5-14

03 完成特殊字符输入

No.1 再次单击软键盘图标,关闭软键盘。

No.2 通过以上方法即可完成输入特殊字符的操作。

Section

5.3 智能 ABC 输入法

本节导读

智能 ABC 输入法是 Windows XP 系统中自带的输入法,使用智能 ABC 输入法可以进行全拼输入和简拼输入。本节将具体介绍使用智能 ABC 输入法输入文本的方法。

5.3.1 全拼输入

全拼输入是指将准备输入汉字的汉语拼音字母都输入进去。下面以输入"信任"为例,介绍全拼输入的方法,如图 5-15 ~ 图 5-17 所示。

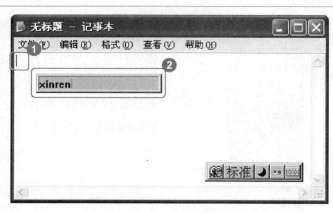

图 5-15

01 输入汉语拼音

No1 打开记事本,将光标定位在准备输入文本的位置。

No2 选择智能 ABC 输入法,输入"信任"的汉语拼音"xinren",在键盘上按下空格键。

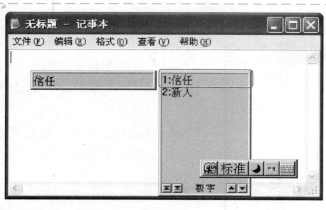

图 5-16

02 选择词组

弹出候选窗格,在候选窗格中选择准备输入的汉字所在序号"1"。

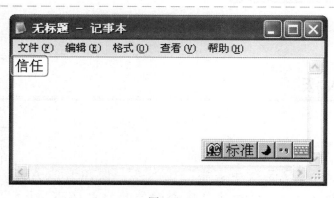

图 5-17

03 完成全拼输入

通过以上方法即可完成使用智能 ABC 输入法全拼输入的操作。

5.3.2 简拼输入

简拼输入是指在输入汉字的时候,仅输入汉字的汉语拼音首字母。使用简拼输入可以提高打字的速度。下面以输入"笑容"为例,介绍简拼输入的方法,如图5-18～图5-20所示。

图 5-18

01 输入简拼字母

No1 打开记事本,将光标定位在准备输入文本的位置。

No2 选择智能 ABC 输入法,输入"笑容"词组的开头字母"xr",在键盘上按下空格键。

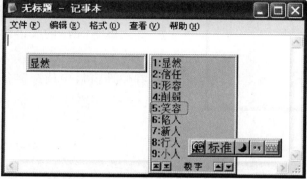

图 5-19

02 选择词组

弹出候选窗格,在候选窗格中选择准备输入的汉字所在序号"5"。

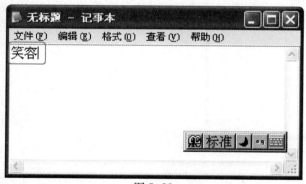

图 5-20

03 完成简拼输入

通过以上方法即可完成使用智能 ABC 输入法简拼输入的操作。

Section
5.4 搜狗拼音输入法

本节导读

搜狗拼音输入法是由搜狐公司推出的一款拼音输入法软件,可以免费下载使用。 该软件拥有大量的词汇,使用它可以明显提高打字的速度。 本节将介绍使用搜狗拼音输入法的方法。

5.4.1　输入单字

使用搜狗拼音输入法可以轻松输入单个汉字。下面以输入汉字"西"为例,介绍使用搜狗输入法输入单字的方法,如图5-21与图5-22所示。

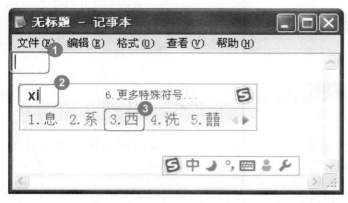

图5-21

01 输入汉语拼音

No1　打开记事本程序,选择搜狗拼音输入法,将光标定位在准备输入文本的位置。

No2　输入单字"西"的汉语拼音"xi"。

No3　在候选窗口中选择准备输入的汉字序号"3"。

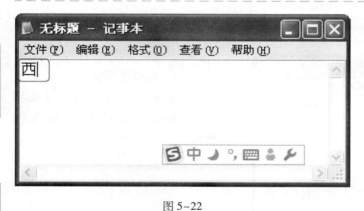

图5-22

02 完成输入单字

通过以上方法即可完成使用搜狗拼音输入法输入单字的操作。

教你一招

使用鼠标选取单字

打开记事本程序后,选择搜狗拼音输入法,输入汉字的汉语拼音后,使用鼠标单击准备选择的汉字也可以完成输入单字的操作。

5.4.2　输入词组

搜狗拼音输入法具有大量的词汇,并时时进行更新,因此可以用来快速输入词组。下面以输入"主流"为例,介绍使用搜狗拼音输入法输入词组的方法,如图5-23与图5-24所示。

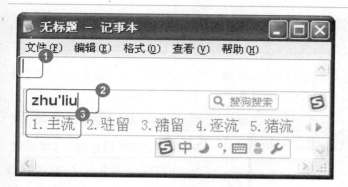

图 5-23

01 输入汉语拼音

No1 将光标定位在准备输入文本的位置。

No2 选择搜狗拼音输入法输入词组"主流"的汉语拼音"zhu-liu"。

No3 选择准备输入的词组序号。

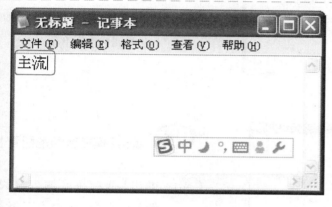

图 5-24

02 完成输入词组

通过以上方法即可完成使用搜狗拼音输入法输入词组的操作。

教你一招

使用笔画输入汉字

搜狗拼音输入法支持笔画输入,笔画包括横、竖、撇、捺和折,分别对应其首字母,即〈h〉、〈s〉、〈p〉、〈n〉和〈z〉键。在进行输入时,应先输入字母"u",再依次输入汉字的笔画,即可输入生僻字。

Section
5.5 实践案例

本章导读

本章介绍了有关在电脑中输入文字的知识,包括对输入法的设置、输入字符、使用智能 ABC 输入法和搜狗拼音输入法的方法。 根据本章介绍的知识,下面以使用模糊音和输入繁体字为例,练习在电脑中输入汉字的方法。

5.5.1 使用模糊音

不同地方的人对一个字的发音也有所不同,可以在输入法中设置模糊音避免此问题。下面介绍在搜狗拼音输入法中使用模糊音的方法,如图5-25～图5-29所示。

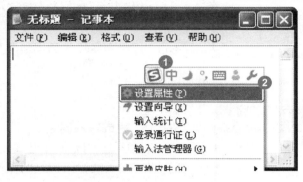

图 5-25

01 选择【设置属性】菜单项

No 1 打开记事本程序,在搜狗拼音输入法的状态条中右键单击。

No 2 在弹出的快捷菜单中选择【设置属性】菜单项。

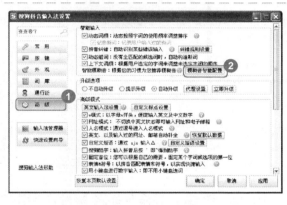

图 5-26

02 单击【模糊音智能配置】按钮

No 1 弹出【搜狗拼音输入法设置】对话框,选择【高级】选项。

No 2 在【智能输入】区域中单击【模糊音智能配置】按钮 模糊音智能配置 。

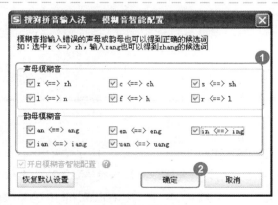

图 5-27

03 设置模糊音

No 1 弹出【搜狗拼音输入法-模糊音智能配置】对话框,选中准备设置为模糊音的复选框。

No 2 单击【确定】按钮 确定 。

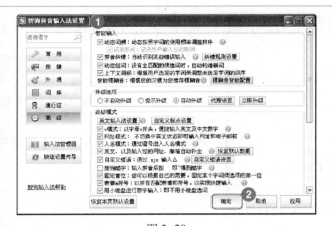

图 5-28

04 单击【确定】按钮

No1 返回到【搜狗拼音输入法设置】对话框。

No2 单击【确定】按钮 确定 。

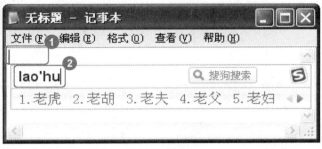

图 5-29

05 完成设置模糊音

No1 将光标定位在记事本中。

No2 使用搜狗拼音输入法输入词组,即可查看设置效果。

5.5.2 输入繁体字

简体字是由繁体字衍变而来的,繁体字的笔画较多,使用毛笔书写时比较美观。下面介绍在电脑中输入繁体字的方法,如图 5-30 与图 5-31 所示。

素材文件 配套素材\第 5 章\素材文件\繁体字 . txt

效果文件 配套素材\第 5 章\效果文件\繁体字 . txt

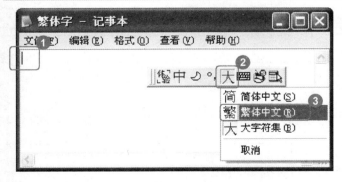

图 5-30

01 选择【繁体中文】菜单项

No1 打开记事本,将光标定位在记事本中。

No2 选择微软拼音输入法,单击【字符集】按钮大。

No3 选择【繁体中文】菜单项。

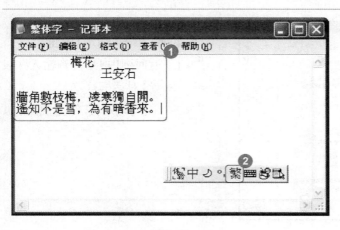

图 5-31

02 输入繁体字

No1 在繁体字状态下输入诗词，如《梅花》。通过以上方法即可完成输入繁体字的操作。

No2 再次单击【字符集】按钮繁即可进行简繁切换。

读书笔记

第 6 章
五笔字型输入法

本章内容导读

　　本章介绍有关五笔字型输入法的知识，包括五笔字型基础知识、五笔字型的字根、汉字的拆分、单字输入和词组输入等。在本章的最后，以使用金山打字通练习所有字根和使用金山打字通练习常用字为例，练习对五笔字型输入法的使用。通过本章的学习，读者可以初步掌握使用五笔字型输入法的知识，为进一步学习电脑知识奠定基础。

本章知识要点

　　☑ 五笔字型基础知识
　　☑ 认识五笔字型字根
　　☑ 汉字的拆分
　　☑ 单字的输入
　　☑ 词组的输入

6.1 五笔字型基础知识

本节导读

学习五笔字型输入法前，应先了解其基础知识，如汉字的层次、基本笔画和字型等。了解这些知识对学习五笔字型输入法会有很大的帮助。本节将介绍有关五笔字型的基础知识。

6.1.1 汉字的3个层次

汉字的3个层次包括笔画、字根和字。其中，笔画是指在不间断的情况下，一笔写出来的线条，是构成汉字的最小单位；字根是通过多个笔画相连而形成的偏旁部首结构，是构成汉字的最基本元素；字是由多个字根组成的汉字编码。

6.1.2 汉字的5种基本笔画

汉字的5种基本笔画包括横、竖、撇、捺和折。在五笔字型输入法中将这5种笔画按照使用的频率，分别用1,2,3,4,5代表，如表6-1所示。

表6-1 汉字的5种基本笔画

笔 画	代 号	笔画走向	包含笔画	解 释
横	1	运笔方向为从左到右或从左下到右上的笔画	一、㇀	"提"在五笔中作为横
竖	2	运笔方向为从上到下的笔画	丨、亅	"左竖钩"在五笔中作为竖
撇	3	运笔方向为从右上到左下的笔画	丿	
捺	4	运笔方向为从左上到右下的笔画	乀、丶	作为偏旁时捺为点
折	5	除了左竖钩之外，所有带折的笔画	乙、𠃊、乛	乀和乁偏旁都视为折

6.1.3 汉字的3种字型

汉字的3种字型包括左右型、上下型和杂合型，代号分别为1,2,3,如表6-2所示在五笔字型输入法中，字型是用来判定末笔识别码的依据。

表6-2 汉字的3种字型

字 型	代 号	实 例	特 征
左右型	1	张、辉、洋、杨、任、新、颖、帆、刘、敏、搬、待、担、温、改、输、操、技、败、汉	字根与字根之间有一定的间距，总体为左右排列

（续）

字 型	代 号	实 例	特 征
上下型	2	李、智、雯、查、字、宙、表、梦、吕、型、简、想、否、易、名、盘、袋、邑、字	字根与字根之间有一定的间距，总体为上下排列
杂合型	3	万、舌、医、应、千、闵、逢、困、函、司、载、带、头、延、国、同、出、己、氯	字根与字根之间有一定的间距，但无法分辨是左右型还是上下型

Section 6.2 认识五笔字型字根

　　字根是五笔字型输入法中重要的部分，分为键名字根和成字字根，利用字根可以进行输入汉字的操作，因此需要使用者熟记字根。下面将主要介绍五笔字型字根的有关知识。

6.2.1 字根的键位分布及区位号

　　五笔字型输入法中包含130多个基本的字根，这些字根分布在从〈A〉~〈Y〉25个按键中。按照字根的起笔笔画可以将字根划分为5个区，在每个区中包含5个位，每个区位号可以代表该键所有的字根，如表6-3所示。

表6-3　字根的键位分布及区位号

字 根 区	区 号	位 号	字 母 键	区 位 号
横区	1	1,2,3,4,5	G,F,D,S,A	11,12,13,14,15
竖区	2	1,2,3,4,5	H,J,K,L,M	21,22,23,24,25
撇区	3	1,2,3,4,5	T,R,E,W,Q	31,32,33,34,35
捺区	4	1,2,3,4,5	Y,U,I,O,P	41,42,43,44,45
折区	5	1,2,3,4,5	N,B,V,C,X	51,52,53,54,55

6.2.2 键名字根

　　在五笔字型字根表中，平均每个键位上都有七八个字根，为了方便使用者的记忆，选取了其中一个最常用的字作为键名字根。在五笔字型字根表中，每个键名字根都是使用频率较高的汉字，其分布如图6-1所示。

图 6-1

6.2.3 成字字根

五笔字型输入法中成字字根是除了键名字根以外,字根本身也是汉字的字根,具体的成字字根如图 6-2 所示。

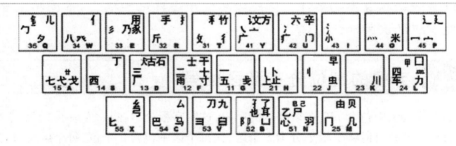

图 6-2

6.2.4 字根总表

五笔字型输入法中将 130 多个基本的字根,分布在〈A〉~〈Y〉25 个按键中,字根可以通过表格来表示,如表 6-4 所示。

表 6-4 字根总表(86 版)

区	位	区位	按键	键名	基 本 字 根	助 记 口 诀	一级简码
横区	1	11	G	王	王㇐戋五一	王旁青头戋(兼)五一	一
	2	12	F	土	土士二干卅十寸雨十㞢	土士二干十寸雨	地
	3	13	D	大	大犬三手𰀀长古石厂丆𠂇ナ𠂆	大犬三(羊)古石厂	在
	4	14	S	木	木丁西覀	木丁西	要
	5	15	A	工	工戈弋艹廾廿匚七弌𠃌戈㔾	工戈草头右框七	工

（续）

区	位	区位	按键	键名	基本字根	助记口诀	一级简码
竖区	1	21	H	目	目且上止疋卜丨丨广卢	目具上止卜虎皮	上
	2	22	J	日	日曰四早刂刂刂川虫	日早两竖与虫依	是
	3	23	K	口	口川刂刂	口与川,字根稀	中
	4	24	L	田	田甲口皿四车力Ⅲ罒㐄	田甲方框四车力	国
	5	25	M	山	山由贝门几罒冂刀几	山由贝,下框几	同
撇区	1	31	T	禾	禾禾竹灬丿彳夂冬𠂉	禾竹一撇双人立, 反文条头共三一	和
	2	32	R	白	白手扌手斤厂匚斤彡	白手看头三二斤	的
	3	33	E	月	月月舟彡罒乃用豕豕长𧘇民	月彡(衫)乃用家衣底	有
	4	34	W	人	人亻八癶�	人和八,三四里	人
	5	35	Q	金	金钅勹鱼夕厂丆儿乂儿夕 儿𠂻匸	金(钅)勹缺点无尾鱼,犬旁 留儿一点夕,氏无七(妻)	我
捺区	1	41	Y	言	言讠文方丶亠言广圭丶	言文方广在四一, 高头一捺谁人去	主
	2	42	U	立	立六立辛丷丬冫丷丷疒门	立辛两点六门疒(病)	产
	3	43	I	水	水氺丨丷丬氵业小业业	水旁兴头小倒立	不
	4	44	O	火	火业灬灬灬米灬	火业头,四点米	为
	5	45	P	之	之一宀辶廴礻	之字军盖建道底, 摘礻(示)衤(衣)	这
折区	1	51	N	已	已巳己尸彐尸心忄羽乙乚一乛 ㇆乚乚乚	已半巳满不出己, 左框折尸心和羽	民
	2	52	B	子	子孑了巜也耳阝卩凵阝	子耳了也框向上	了
	3	53	V	女	女刀九臼彐巛彐彐	女刀九臼山朝西	发
	4	54	C	又	又巴马マ厶ス	又巴马,丢矢矣	以
	5	55	X	纟	纟纟幺母弓匕匕	慈母无心弓和匕,幼无力	经

汉字的拆分

本节导读

在使用五笔字型输入法输入汉字时，需要了解字根与字根间的结构关系，并掌握汉字的拆分原则，熟悉了这些方可以拆分汉字。本节将介绍有关汉字拆分的一些知识。

6.3.1 字根间的结构关系

字根间的结构关系包括单、散、连和交。了解字根间的关系，有利于对汉字的拆分。下面介绍字根间的结构关系。

1. 单结构汉字

单结构汉字是基本字根单独成为一个汉字，并不与其他的字根相连，也称成字字根，如图 6-3 所示。

图 6-3

2. 散结构汉字

散结构汉字是指汉字由多个字根构成，并且字根与字根间保持一定的距离。上下型、左右型和杂合型的汉字都可以是散结构，如图 6-4 所示。

图 6-4

3. 连结构汉字

连结构汉字是指汉字由一个基本字根与一个单笔画相连构成,如"自"字,其为"丿"与"目"相连;或带点结构的汉字,如"刃"字,字根前带有一个孤立的点,也为连结构的汉字,如图6-5所示。

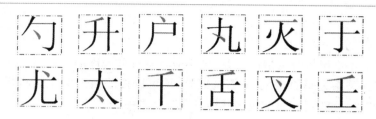

图6-5

4. 交结构汉字

交结构汉字是指汉字由两个或两个以上字根相互交叉构成,字根与字根之间有重叠的部分,如图6-6所示。

图6-6

6.3.2 汉字的拆分原则

在拆分汉字时应遵循一定的原则,在五笔中拆分汉字包括5个原则,分别是书写顺序、取大优先、兼顾直观、能散不连和能连不交。掌握汉字的拆分原则可以熟练地对汉字进行拆分、输入,下面将具体进行介绍。

1. 书写顺序

对于一般汉字,应按照该汉字的书写顺序进行拆分,从左至右,从上至下,如"部"字,应拆分为"立"、"口"和"阝"。

2. 取大优先

在拆分汉字时应尽量拆分出大的字根,以便保证拆分出的字根数最少,如"舌"字,应将其拆分为"丿"和"古",而不应将其拆分为"丿"、"十"和"口"。

3. 兼顾直观

兼顾直观原则同取大优先原则相似,指在拆分汉字时应尽量保证一个笔画不会分割在两个字根中,而且笔画不能重复的拆分,如"卡"字,应拆分为"上"和"卜",而不应将其拆分为"上"和"下"。

4. 能散不连

如果可以将一个字根拆分为散的关系,则不应将其拆分为连的关系,如果一个汉字中几个字根是介于散和连关系之间的,除了单笔画以外,均可以按照散的关系进行拆分,如"关"字,可以将其拆分为"丷"和"大",而不应将其拆分为"丶'","一"和"大"。

5. 能连不交

如果可以将一个字根拆分为连的关系,则不应将其拆分为交的关系,如"天"字,应将其拆分为"一"和"大",而不应将其拆分为"二"和"人"。

Section
6.4 单字的输入

掌握了字根之间的结构关系和汉字的拆分原则之后, 可以试着使用五笔输入法在电脑中输入汉字。 本节将介绍输入键名字根、成字字根、笔画和基本汉字的输入方法。

6.4.1 键名汉字的输入

在五笔输入法中键名汉字共有 25 个,连续 4 次按下键名汉字所在的键位即可输入键名汉字,如连续 4 次按下〈Q〉键即可输入汉字"金"。所有的键名汉字如表 6-5 所示。

表 6-5　键名汉字

键名汉字	编码	键名汉字	编码	键名汉字	编码	键名汉字	编码
王	GGGG	口	KKKK	金	QQQQ	子	BBBB
土	FFFF	田	LLLL	言	YYYY	女	VVVV
大	DDDD	山	MMMM	立	UUUU	又	CCCC
木	SSSS	禾	TTTT	水	IIII	纟	XXXX
工	AAAA	白	RRRR	火	OOOO		
目	HHHH	月	EEEE	之	PPPP		
日	JJJJ	人	WWWW	已	NNNN		

6.4.2　成字字根的输入

成字字根的输入方法为成字字根所在按键＋首笔笔画＋次笔笔画＋末笔笔画，没有末笔笔画的加空格键，如"雨"字应在键盘上依次按下〈F〉键、〈G〉键、〈H〉键和〈Y〉键进行输入。成字字根的输入方法如表 6-6 所示。

表 6-6　成字字根

成 字 字 根	字根所在键	首 笔 笔 画	次 笔 笔 画	末 笔 笔 画	编　　码
夕	Q	丿	乙	丶	QTNY
八	W	丿	丶	空格键	WTY
乃	E	丿	乙	空格键	ETN
斤	R	丿	丿	丨	RTTH
竹	T	丿	一	丨	TTGH
文	Y	丶	一	丶	YYGY
门	U	丶	丨	乙	UYHN
小	I	丨	丿	丶	IHTY
米	O	丶	丿	丶	OYTY
七	A	一	乙	空格键	AGN
西	S	一	丨	一	SGHG
古	D	一	丨	一	DGHG
干	F	一	一	丨	FGGH
五	G	一	丨	一	GGHG
早	J	丨	乙	丨	JHNH
川	K	丿	丨	丨	KTHH
车	L	一	乙	丨	LGNH
弓	X	乙	一	乙	XNGN
巴	C	乙	丨	乙	CNHN
刀	V	乙	丿	空格键	VNT
耳	B	一	丨	一	BGHG
羽	N	乙	丶	一	NNYG
贝	M	丨	乙	丶	MHNY

6.4.3　5 种单笔画的输入

5 种单笔画是"一"、"丨"、"丿"、"丶"和"乙"，使用五笔字型输入法可以输入这 5 种笔画，输入笔画的方法为：笔画代码＋笔画代码＋〈L〉键＋〈L〉键，具体的笔画输入方法如表 6-7 所示。

表6-7　5种笔画的输入

笔画	一	丨	丿	丶	乙
编码	GGLL	HHLL	TTLL	YYLL	NNLL

6.4.4　基本汉字的输入

使用五笔字型输入法输入汉字时,每个汉字可拆分成字根的数量不同,输入方法也不同,具体可分为不足4个字根汉字、4个字根汉字和超过4个字根汉字的输入,下面予以介绍。

1. 不足4个字根的输入

一个字可以拆分的字根不足4个,其输入方法为:第1个字根所在键＋第2个字根所在键＋第3个字根所在键＋末笔识别码,末笔识别码由该汉字的最后一笔决定,并按照其字型选择按键,左右型为1位、上下型为2位、杂合型为3,如"未"字,第一个字根为"二",第二个字根为"小",最后一笔为"丶",并属于杂合型的汉字,所以该字在输入时的编码为"FII"。

2. 4个字根汉字的输入

如果一个字刚好可以拆分为4个字根,其输入方法为:第1个字根所在键＋第2个字根所在键＋第3个字根所在键＋第4个字根所在键,如"第"字,第一笔为"⺮",第二笔为"弓",第三笔为"丨",第四笔为"丿",所以该字在输入时的编码为"TXHT"。

3. 超过4个字根汉字的输入

如果一个汉字的字根可以拆分4个以上,其输入方法为:第1个字根所在键＋第2个字根所在键＋第3个字根所在键＋末笔字根所在键,如"偿"字,第1个字根为"亻",第2个字根为"⺍",第3个字根为"冖",最后一个字根为"厶",所以该字在输入时的编码为"WIPC"。

4. 末笔识别码的判定

末笔字型识别码是将准备输入汉字的末笔笔画的代码作为识别码的区号,汉字字型代码作为识别码的位号而组成的区位码。末笔字型识别码如表6-8所示。

表6-8　末笔识别码的判定

汉字字型	字型代码	末笔字型识别码				
		一(1)	丨(2)	丿(3)	丶(4)	乙(5)
左右型	1	G(11)	H(21)	T(31)	Y(41)	N(51)
上下型	2	F(12)	J(22)	R(32)	U(42)	B(52)
杂合型	3	D(13)	K(23)	E(33)	I(43)	V(53)

Section
6.5 词组的输入

本节导读

五笔输入法可以快速的输入汉字，对于一些常见的二字词组、三字词组、四字词组和多字词组，可以快速的通过五笔进行输入。本节将介绍有关输入词组的一些方法。

6.5.1 二字词组的输入

对于两个字的词组,可以使用五笔快速的输入,其输入方法为:第一字的第一个字根所在键+第一个字的第二个字根所在键+第二个字的第一个字根所在键+第二个字的第二个字根所在键,如词组"钱包",第一个字"钱"的第一个字根为"钅",第一个字的第二个字的字根为"戋",第二个字"包"的第一个字根为"勹",第二个字根为"巳",所以该词组的输入编码为"QGQN"。

6.5.2 三字词组的输入

使用五笔输入三个字的词组可以仅使用输入一个字的时间,其输入方法为:第一个字的第一个字根所在键+第二个字的第一个字根所在键+第三个字的第一个字根所在键+第三个字的第二个字根所在键,如词组"多功能",第一个字"多"的第一个字根为"夕",第二个字"功"的第一个字根为"工",第三个字"能"的第一个字根为"厶",第二个字根为"月",所以该词组的输入编码为"QACE"。

6.5.3 四字词组的输入

如果在输入汉字时遇到四个字的词组可以快速的进行输入,其输入方法为:第一个字的第一字根所在键+第二个字的第一个字根所在键+第三个字的第一个字根所在键+第四个字的第一个字根所在键,如词组"一帆风顺",第一个字"一"的第一个字根为"一",第二个字"帆"的第一个字根为"门",第三个字"风"的第一个字根为"几",第四个字"顺"和第一个字根为"川",所以该词组的输入编码为"GMMK"。

6.5.4 多字词组的输入

多个字词组出现的机率比较少,但是如果出现了多个字的词组,可以使用五笔快速的输入,其输入方法为:第一个字的第一个字根所在键+第二个字的第一个字根所在键+第三个字的第一个字根所在键+最后一个字的第一个字根所在键,如词组"电子计算机",第一个字

"电"字在第一个字根为"曰",第二个字"子"的第一个字根为"了",第三个字"计"的第一个字根为"讠",最后一个字"机"字的第一个字根为"木",所以该词组的输入编码为"JBYS"。

Section
6.6 实践案例

本节导读

　　本章介绍了有关五笔字型输入法的知识，包括五笔字型的基础知识、认识五笔字根表、汉字的拆分、单字输入和词组输入。根据本章介绍的知识，下面以使用金山打字通练习所有字根和使用金山打字通练习常用字为例，练习使用五笔字型输入法。

6.6.1 使用金山打字通练习所有字根

　　金山打字通是金山公司推出的一软集打字和测试于一体的软件,使用该软件对五笔的字根进行练习,下面将具体介绍其方法,如图 6-7 ~ 图 6-10 所示。

图 6-7

01 单击【五笔打字】按钮

No1 安装金山打字通后,启动金山打字通。

No2 单击【五笔打字】按钮 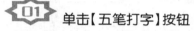。

图 6-8

02 单击【课程选择】按钮

No1 进入【五笔打字】界面,选择【字根练习】选项卡。

No2 单击【课程选择】按钮。

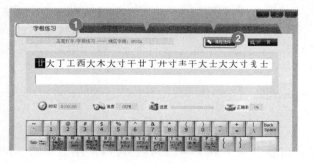

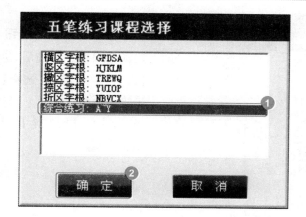

图 6-9

选择【综合练习】选项

No1 弹出【五笔练习课程选择】
对话框,选择【综合练习】
选项。

No2 单击【确定】按钮 确 定 。

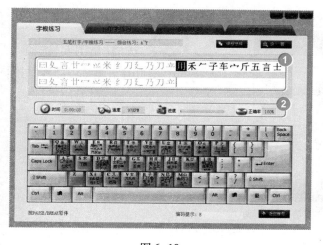

图 6-10

04 进行字根练习

No1 返回到【五笔打字】界面,
在输入栏中输入题目栏中
提示的字根。

No2 在状态栏中显示打字的时
间、速度、进度和正确率。

 教你一招

对金山打字进行设置

在【五笔打字】界面中可以单击【设置】按钮 设 置 ,在弹出的【五笔练习设置】对话框中对五笔的版本、打字的换行方式和练习方式进行设置。

在【五笔练习课程选择】对话框中可以选择单独对横区、竖区、撇区、捺区和折区的字根进行练习。

6.6.2 使用金山打字通练习常用字

对五笔的字根熟练练习后,可以对五笔打字中的常用字进行练习,下面将介绍使用金山打字通练习常用字的方法,如图 6-11 ~ 图 6-13 所示。

图 6-11

01 单击【课程选择】按钮

No1 启动金山打字软件后，进入
【五笔打字】界面，选择【打
字练习】选项卡。

No2 单击【课程选择】按钮
。

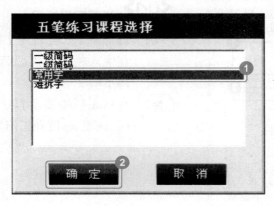

图 6-12

02 选择【常用字】选项

No1 弹出【五笔练习课程选择】对
话框，选择【常用字】选项。

No2 单击【确定】按钮 确 定 。

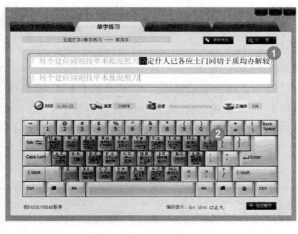

图 6-13

03 练习使用五笔输入汉字

No1 返回到【五笔打字】界面，
按照提示栏中显示的内容
进行输入。

No2 在输入区中显示五笔的
字根。

第 1 章

轻松管理
Windows XP 文件

本章内容导读

本章介绍有关管理 Windows XP 文件夹的知识，包括认识、查找、查看文件与文件夹，文件、文件夹和回收站的基本操作等，在本章的最后，以还原回收站中的内容和重命名文件夹为例，练习对 Windows XP 文件与文件夹的设置。通过本章的学习，读者可以初步掌握 Windows XP 文件与文件夹方面的知识，为进一步学习电脑知识奠定基础。

本章知识要点

- ☑ 认识文件与文件夹
- ☑ 查找文件与文件夹
- ☑ 查看文件与文件夹
- ☑ 文件与文件夹的基本操作
- ☑ 回收站的基本操作

7.1 认识文件与文件夹

本节导读

电脑中的资源包括磁盘分区、盘符、文件和文件夹，如果准备在电脑中存储数据，需要了解电脑中各种资源的专业术语。本节将介绍有关磁盘分区、盘符、文件和文件的知识。

7.1.1 磁盘分区与盘符

电脑中的主要存储设备是硬盘,但是硬盘不能直接使用,需要将其划分多个空间,划分出的空间即为磁盘分区。为了将多个磁盘分区进行区分,每个磁盘分区被命名为不同的名称,如"本地磁盘 C",这样的存储区域即为盘符。图 7-1 所示即为磁盘分区与盘符。

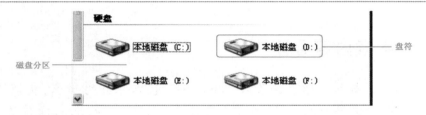

图 7-1

7.1.2 认识文件

在 Windows XP 系统中文件是最基础的存储单位,用于存储文本、数据、声音和图片等。文件包括文件图标、文件名和文件扩展名,下面将具体进行介绍。

1. 文件图标

文件可以为文本文档、图片和程序等,不同类型的文件,文件图标也不相同,可以很清楚地进行区分如图 7-2 所示。

图 7-2

2. 文件扩展名

文件扩展名是 Windows XP 操作系统用于标志文件的一种形式,位于文件名的后方,中间以".""来分隔。常见的文件扩展名包括"txt"、"rar"、"html"、"docx"和"xlsx",如图 7-3 所示。

图 7-3

7.1.3 认识文件夹

文件夹是电脑中用于分类存储的一种工具,可以将多个文件放置在一个文件夹中,对文件分类管理。文件夹没有扩展名,由文件夹图标和文件夹名称组成,如图 7-4 所示。

图 7-4

 教你一招

文件名的注意问题

命名文件夹时,最多不得超过 255 个字符,并且文件名中不应出现"\"、"/"":"、"*"、"?"、"<"和">"等字符。

Section 7.2 查找文件与文件夹

 本节导读

如果电脑中的文件和文件夹过多,一个一个地查找比较麻烦,可以利用搜索功能,并可以设定多个条件进行查找操作。本节将介绍有关查找文件与文件夹的知识。

7.2.1 搜索文件与文件夹

在电脑中可以搜索图片、音乐、视频、文档、文件、文件夹和计算机等,使用搜索功能可以快

速地查找到目标文件。下面将介绍搜索文件与文件夹的方法,如图 7-5 至图 7-8 所示。

图 7-5

01 选择【搜索】菜单项

No1 在 Windows XP 系统桌面上单击【开始】按钮 开始 。

No2 在弹出的开始菜单中选择【搜索】菜单项。

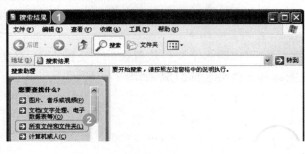

图 7-6

02 单击【所有文件和文件夹】链接

No1 打开【搜索结果】窗口,进入【您要查找什么】界面。

No2 单击【所有文件和文件夹】链接。

图 7-7

03 单击【搜索】按钮

No1 在【全部或部分文件名】文本框中输入准备查找的文件名称。

No2 单击【搜索】按钮 搜索(R) 。

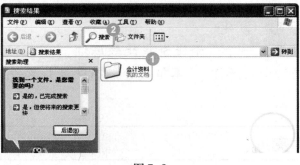

图 7-8

04 完成搜索操作

No1 搜索结束后,在工作区中显示搜索的结果,完成搜索操作。

No2 在工具栏中单击【搜索】按钮 搜索 ,即可关闭【搜索助理】任务窗格。

7.2.2 高级搜索功能

如果同一个文件名称有很多种类型的文件,搜索出的文件太多,那么可以使用高级搜索功能精确查找。下面将介绍使用高级搜索功能的方法,如图7-9至图7-11所示。

图 7-9

01 展开【更多高级选项】目录

No1 打开【搜索结果】窗口,在【全部或部分文件名】文本框中输入准备查找的文件名。

No2 展开【更多高级选项】目录。

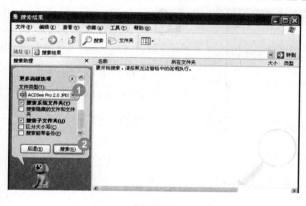

图 7-10

02 单击【搜索】按钮

No1 进入【更多高级选项】界面,单击【文件类型】下拉列表框中选择搜索条件。

No2 单击【搜索】按钮 。

图 7-11

03 完成搜索

在工作区中显示搜索到的结果,通过以上方法即可完成搜索文件的操作。

Section

7.3 查看文件与文件夹

本节导读

对电脑中存储的文件与文件夹可以进行浏览，了解电脑中的资料信息，并可以根据文件的多少对文件与文件夹的显示方式进行设置。本节将介绍查看文件与文件夹的方法。

7.3.1 浏览文件与文件夹

如果准备对电脑中的文件有个大致的了解,可以对文件与文件夹进行浏览,下面将介绍浏览文件与文件夹的方法,如图 7-12 与图 7-13 所示。

图 7-12

01 单击【文件夹】按钮

No1 在 Windows XP 系统中打开【我的电脑】窗口。

No2 在工具栏中单击【文件夹】按钮。

图 7-13

02 浏览文件与文件夹

No1 打开【文件夹】任务窗格，依次展开准备浏览的目录，如"【本地磁盘 D】→【Program Files】→【ACD Systems】→【ACDSee Pro】→【2.0】"。

No2 通过以上方法即可完成浏览文件与文件夹的操作。

7.3.2 设置文件与文件夹的显示方式

文件与文件夹的显示方式包括缩略图、平铺、图标、列表和详细信息等,可以根据查询的信息内容,更改文件与文件夹的显示方式。下面将介绍具体的方法,如图7-14与图7-15所示。

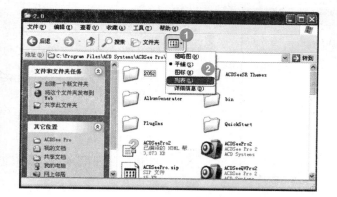

图 7-14

01 选择【列表】菜单项

No1 打开准备更改显示方式的文件夹,在工具栏中单击【查看】按钮▦·。

No2 在弹出的下拉菜单中选择【列表】菜单项。

图 7-15

02 完成更改显示方式的操作

通过以上方法即可完成更改文件与文件夹显示方式的操作。

7.4 文件与文件夹的基本操作

本节导读

文件与文件夹的基本操作包括创建、移动、复制和删除等,掌握文件与文件夹的基本操作方便对文件与文件夹的管理,使得资料放置更有条理。 本节将介绍有关文件与文件夹基本操作的方法。

7.4.1　创建文件与文件夹

如果电脑中的文件与文件夹过多,可以根据文件的内容分门别类进行管理,管理前应先进行创建文件与文件夹的操作,如图 7-16 ~ 图 7-18 所示。

图 7-16

01　选择【文件夹】菜单项

No1　打开准备创建文件与文件夹的位置,选择【文件】主菜单。

No2　在弹出的下拉菜单中选择【新建】菜单项。

No3　在弹出的子菜单中选择【文件夹】子菜单项。

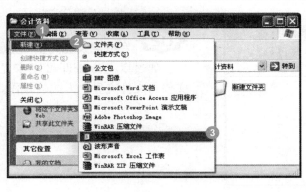

图 7-17

02　选择【文本文档】菜单项

No1　选择【文件】主菜单。

No2　在弹出的下拉菜单中选择【新建】菜单项。

No3　在弹出的子菜单中选择【文本文档】子菜单项。

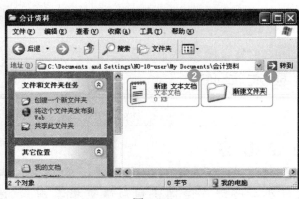

图 7-18

03　完成创建文件与文件夹

No1　通过以上方法即可完成创建文件夹的操作。

No2　通过以上方法即可完成创建文件的操作。

7.4.2 移动文件与文件夹

　　使用移动命令可以将文件或文件夹存放到另一个位置，而不在原位置保存。下面将介绍移动文件与文件夹的方法，如图7-19至图7-21所示。

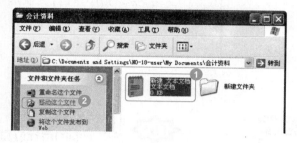

图 7-19

01 单击【移动这个文件】链接

No1 选中准备移动的文件。

No2 在【文件和文件夹任务】任务窗格中单击【移动这个文件】链接。

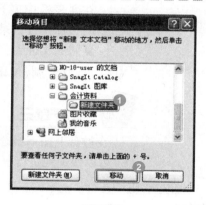

图 7-20

02 选择移动的位置

No1 弹出【移动项目】对话框，在列表框中展开准备移动到的目标位置目录，选择准备移动到的文件夹。

No2 单击【移动】按钮 移动 。

图 7-21

03 完成移动文件

No1 通过以上方法即可完成移动文件的操作。

No2 在地址栏中显示文件移动后的地址。

7.4.3 复制文件与文件夹

　　如果准备将重要的文件备份，则可以将文件与文件夹复制，以防止文件丢失。下面将介绍复制文件与文件夹的方法，如图7-22至图7-24所示。

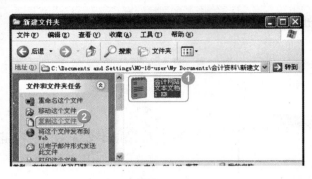

图 7-22

01 单击【复制这个文件】链接

No1 选中准备复制的文件。

No2 在【文件和文件夹任务】任务窗格中单击【复制这个文件】链接。

图 7-23

02 选中复制的目标位置

No1 弹出【复制项目】对话框，在列表框中展开准备复制的目标位置目录，选择准备复制的文件夹。

No2 单击【复制】按钮。

举一反三

在键盘上按下组合键〈Ctrl〉+〈C〉可以快速地进行复制操作。

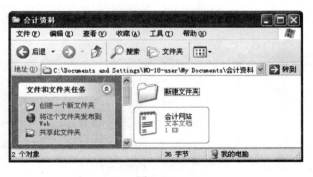

图 7-24

03 完成复制文件

通过以上方法即可完成复制文件的操作。

举一反三

在键盘上按下组合键〈Ctrl〉+〈V〉可以快速地进行粘贴操作。

7.4.4　删除文件与文件夹

不需要的文件可以将其删除，以免占用系统的空间，增加查找文件的麻烦。下面将介绍删除文件与文件夹的方法，如图 7-25 ~ 图 7-27 所示。

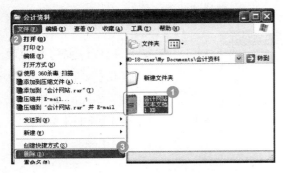

图 7-25

01 选择【删除】菜单项

No1 选中准备删除的文件。

No2 选择【文件】主菜单。

No3 在弹出的下拉菜单中选择【删除】菜单项。

图 7-26

02 单击【是】按钮

No1 弹出【确认文件删除】对话框。

No2 单击【是】按钮 。

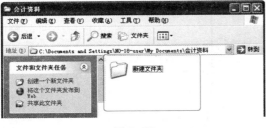

图 7-27

03 完成删除文件

通过以上方法即可完成删除文件的操作。

Section
7.5 回收站的基本操作

🐚🐚🐚🐚

回收站是用于存储系统中临时删除文件的位置，对于回收站中的临时文件也可以进行删除等操作，如果回收站中的内容过多，也可以进行清空操作。 本节将介绍有关回收站基本操作的知识。

7.5.1 删除回收站中的内容

如果回收站中的文件确定不使用了,可以在回收站中彻底删除该文件,下面将介绍删除回收站中内容的方法,如图 7-28 ~ 图 7-30 所示。

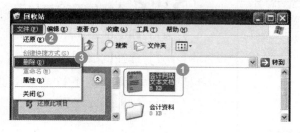

图 7-28

01 选择【删除】菜单项

No1 打开【回收站】窗口,选中准备删除的文件。

No2 选择【文件】主菜单。

No3 选择【删除】菜单项。

图 7-29

02 单击【是】按钮

No1 弹出【确认文件删除】对话框。

No2 单击【是】按钮。

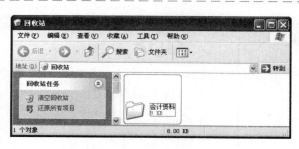

图 7-30

03 完成删除回收站中的内容

通过以上方法即可删除回收站中的内容。

7.5.2 清空回收站

如果回收站中的内容太多,会占用系统的资源,影响系统的运行速度。下面将介绍清空回收站的方法,如图 7-31 ~ 图 7-33 所示。

图 7-31

01 单击【清空回收站】链接

打开【回收站】窗口,在【回收站任务】任务窗格中单击【清空回收站】链接。

图 7-32

02 单击【是】按钮

No1 弹出【确认删除多个文件】对话框。

No2 单击【是】按钮 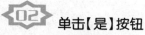。

图 7-33

03 完成清空回收站

通过以上方法即可完成清空回收站的操作。

Section
7.6　**实践案例**

本节导读

本章介绍了有关管理 Windows XP 文件的知识，包括认识、查找、查看文件与文件夹，文件、文件夹和回收站的基本操作。 根据本章介绍的知识，下面以还原回收站中的内容和重命名文件夹为例，练习对文件夹操作的方法。

7.6.1　还原回收站中的内容

如果错误地删除了电脑中的文件，可以在回收站中将其还原，撤销错误的操作，下面将介绍还原回收站中内容的方法，如图 7-34 与图 7-35 所示。

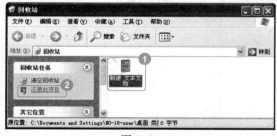

图 7-34

01 单击【还原此项目】链接

No1 打开【回收站】窗口，选中准备还原的文件。

No2 在【回收站任务】任务窗格中单击【还原此项目】链接。

图 7-35

02 **完成还原文件**

通过以上方法即可完成还原文件的操作,在原位置显示被还原的文件。

7.6.2 重命名文件夹

文件夹可以按照不同的类别进行命名,方便浏览和查找文件。下面将介绍重命名文件夹的方法,如图 7-36 至图 7-38 所示。

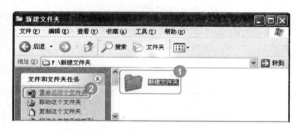

图 7-36

01 **单击【重命名这个文件夹】链接**

No1 选中准备重命名的文件。

No2 在【文件和文件夹任务】任务窗格中单击【重命名这个文件夹】链接。

图 7-37

02 **输入文件名称**

文件名称呈编辑状态,输入准备命令的名称,在键盘上按下〈Enter〉键。

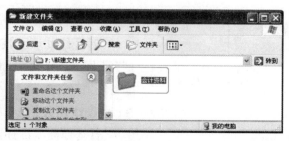

图 7-38

03 **完成重命名文件**

通过以上方法即可完成重命名文件夹的操作。

第 8 章

灵活使用
Windows XP 附件

本章内容导读

本章介绍有关使用 Windows XP 附件的知识，包括使用电脑画画、欣赏音乐、电影、算账和玩游戏，在本章的最后以蜘蛛纸牌和科学运算为例，练习使用 Windows XP 附件的方法。通过本章的学习，读者可以初步掌握使用 Windows XP 附件的知识，为进一步学习电脑知识奠定基础。

本章知识要点

- ☑ 用电脑画画
- ☑ 用电脑欣赏音乐和电影
- ☑ 用电脑算账
- ☑ 用电脑玩游戏

用电脑画画

本节导读

电脑中自带了画图程序，可以使用鼠标在电脑中画画，并将绘制好的图画保存在电脑中，同家人或朋友分享，也可以打印在纸张上。本节将介绍在电脑中画画的具体方法。

8.1.1 启动画图程序

如果准备使用画图程序,需要先启动画图程序,然后进行画画。下面将介绍启动画图程序的方法,如图8-1与图8-2所示。

图 8-1

01 选择【画图】菜单项

No 1 在 Windows XP 系统桌面上单击【开始】按钮。

No 2 在弹出的开始菜单中选择【所在程序】菜单项。

No 3 选择【附件】菜单项。

No 4 选择【画图】菜单项。

图 8-2

02 完成启动画图程序

通过以上方法即可完成启动画图程序的操作。

 举一反三

在画图程序中可以粘贴使用〈Print〉键截取的图像,选择【编辑】主菜单,在弹出的下拉菜单中选择【粘贴】菜单项即可。

8.1.2 绘制基本图形

在画图程序中可以绘制基本图形,包括矩形、多边形、椭圆和圆角矩形。下面将介绍绘制基本图形的方法,如图8-3~图8-5所示。

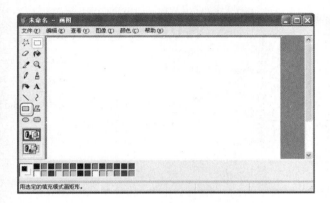

图 8-3

01 单击【矩形】按钮

启动画图程序,在常用工具栏中单击【矩形】按钮□。

举一反三

在键盘上按下组合键〈Ctrl〉+〈T〉即可隐藏工具栏,再次按下该组合键即可显示工具栏。

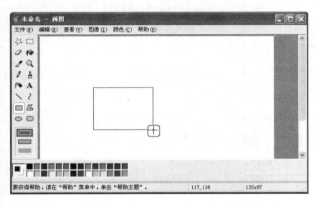

图 8-4

02 绘制矩形图形

鼠标指针变为"✛"形,在绘图区域中单击并拖动鼠标指针至目标位置,释放鼠标左键。

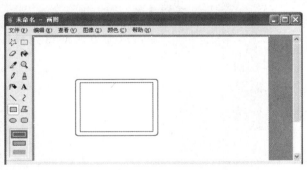

图 8-5

03 完成绘制矩形

通过以上方法即可完成绘制矩形的操作。

8.1.3　保存图画

　　绘制图画后,可以将其保存在电脑中,收藏自己的作品。下面将介绍使用画图程序保存图画的方法,如图8-6~图8-8所示。

图 8-6

01　选择【保存】菜单项

No1　在画图程序中绘制图形后,选择【文件】主菜单。

No1　在弹出的下拉菜单中选择【保存】菜单项。

图 8-7

02　单击【保存】按钮

No1　弹出【保存为】对话框,选择保存的位置。

No2　在【文件名】文本框中输入准备保存的名称。

No3　单击【保存】按钮[保存(S)]。

图 8-8

03　完成保存图画

　　通过以上方法即可完成保存图画的操作。

8.2 用电脑欣赏音乐和电影

本节导读

使用电脑可以欣赏音乐和电影，也可以自己录制歌曲，同家人、朋友一起分享音乐和电影，如果家里有老人，也可以自己录制京剧等戏曲。本节将介绍用电脑欣赏音乐和电影的方法。

8.2.1 录制歌曲

Windows XP 系统中自带了录音机功能，可以将自己的声音录制到电脑中。下面将介绍录制歌曲的方法，如图 8-9 ~ 图 8-12 所示。

图 8-9

01 选择【录音机】菜单项

No1 在 Windows XP 系统中单击【开始】按钮 开始 。

No2 在弹出的开始菜单中选择【所在程序】菜单项。

No3 选择【附件】菜单项。

No4 选择【娱乐】菜单项。

No5 选择【录音机】菜单项。

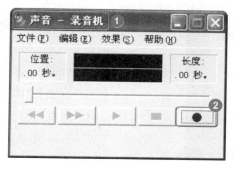

图 8-10

02 单击【录制】按钮

No1 弹出【声音 – 录音机】对话框。

No2 单击【录制】按钮 ● ，可以对着麦克风唱歌。

图 8-11

03 单击【停止录制】按钮

No1 录音机开始录制，在【位置】区域中显示录制的进度。

No1 单击【停止录制】按钮 ▣。

图 8-12

04 完成录制声音

通过以上方法即可完成使用录音机录制歌曲的操作。

8.2.2 听音乐

Windows XP 系统中自带了 Windows Meida Player 软件，可以播放电脑中的音乐文件，下面将介绍使用电脑听音乐的方法，如图 8-13 与图 8-14 所示。

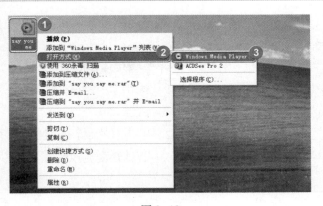

图 8-13

01 选择菜单项

No1 用鼠标右键单击准备播放的音乐文件。

No2 在弹出的快捷菜单中选择【打开方式】菜单项。

No3 在弹出的子菜单中选择【Windows Media Player】子菜单项。

图 8-14

02 开始播放音乐

通过以上方法即可完成使用 Windows Media Player 播放电脑中音乐的操作。

8.2.3 看电影

使用电脑可以看电影,将电影下载到电脑中后,可以使用 Realplayer 播放器进行播放,下面将介绍具体的操作方法,如图 8-15 与图 8-16 所示。

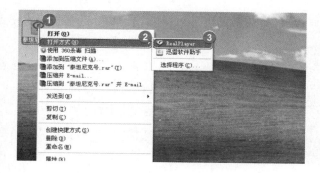
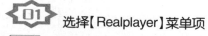

图 8-15

01 选择【Realplayer】菜单项

No1 用鼠标右键单击准备播放的影片。

No2 在弹出的快捷菜单中选择【打开方式】菜单项。

No3 在弹出的子菜单中选择【Realplayer】子菜单项。

图 8-16

02 欣赏影片

通过以上方法即可完成使用 Realplayer 软件播放电影的操作。

Section

8.3　用电脑算账

节导读

电脑中有计算器功能，可以使用电脑计算数据，如管理家庭或公司的开支状况等，也可以进行科学运算，如函数等，本节将介绍使用计算器进行运算的方法。

8.3.1　启动计算器

计算器是电脑中的一个附件，在使用时应先启动计算器。下面将具体介绍启动计算器的方法，如图 8-17 与图 8-18 所示。

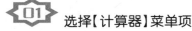

图 8-17

01　选择【计算器】菜单项

No1　在 Windows XP 系统中单击【开始】按钮 开始。

No2　在弹出的开始菜单中选择【所有程序】菜单项。

No3　选择【附件】菜单项。

No4　选择【计算器】菜单项。

图 8-18

02　完成启动计算器

通过以上方法即可完成启动计算器的操作。

8.3.2　进行四则运算

启动计算器后即可进行四则运算，下面以计算"5＋7"为例，介绍使用计算器进行四则运算的方法，如图8-19与图8-20所示。

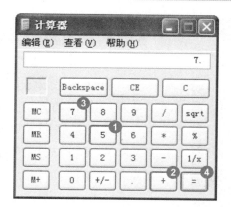

图 8-19

 **进行计算**

No1　启动计算器后，单击【5】按钮。

No2　单击【＋】按钮。

No3　单击【7】按钮。

No4　单击【＝】按钮。

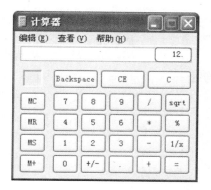

图 8-20

完成计算数据

通过以上方法即可完成使用计算器计算数据的操作。

举一反三

单击【C】按钮可以清除文本框中的数据。

Section
8.4　用电脑玩游戏

本节导读

在 Windows XP 系统中自带了许多游戏，如扫雷、空当接龙、红心大战、蜘蛛纸牌和纸牌等，可以在闲暇之余使用电脑进行游戏。本节将介绍使用电脑进行游戏的方法。

8.4.1 扫雷

　　Windows XP 系统中自带扫雷游戏,扫雷游戏的目标是在最短的时间内找到雷区中的所有不是地雷的方块,而不许踩到地雷。下面将介绍玩扫雷的方法,如图 8-21 与图 8-22 所示。

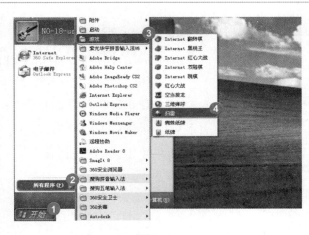

图 8-21

01 选择【扫雷】菜单项

No1　在 Windows XP 系统桌面上单击按钮 开始 。

No2　在弹出的开始菜单中选择【所有程序】菜单项。

No3　选择【游戏】菜单项。

No4　选择【扫雷】菜单项。

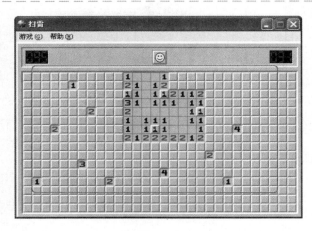

图 8-22

02 开始扫雷游戏

　　打开【扫雷】窗口,单击【笑脸】按钮,用鼠标左键单击不是雷的方块,用鼠标右键单击是雷的方块即可开始游戏。

教你一招

用鼠标左键和右键同时单击

　　如果某个数字方块周围的地雷全都标记完,可以指向该方块并同时单击鼠标左、右键,将其周围剩下的方块挖开;如果编号方块周围地雷没有全部标记,可以指向该方块并同时单击鼠标左、右键,其他隐藏或未标记的方块将闪烁一次,可以将其标记为雷。

8.4.2 空当接龙

空当接龙是 Windows XP 系统自带的小游戏,需要按照规则将一副扑克牌移动到屏幕右上的回收单元中,下面将介绍具体的玩法,如图 8-23 与图 8-24 所示。

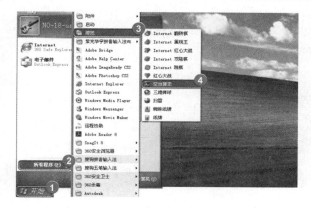

图 8-23

01 选择【空当接龙】菜单项

No 1 在 Windows XP 系统桌面上单击【开始】按钮 ⊥ 开始 。

No 2 在弹出的开始菜单中选择【所有程序】菜单项。

No 3 选择【游戏】菜单项。

No 4 选择【空当接龙】菜单项。

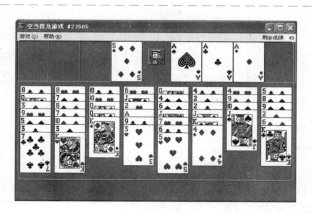

图 8-24

02 进行空当接龙游戏

通过以上方法即可进行空当接龙的游戏。

举一反三

如果准备重新开局可以在键盘上按下〈F2〉键。

Section 8.5 实践案例

本节导读

本章介绍了有关 Windows XP 附件的知识,包括使用电脑画画、欣赏音乐与电影、计算和游戏等。 根据本章介绍的知识,下面以"蜘蛛纸牌"和"科学运算"为例,练习使用 Windows XP 附件的方法。

8.5.1 蜘蛛纸牌

蜘蛛纸牌是 Windows XP 自带的小游戏,游戏的目标是以最少的移动次数将八副牌移除整理到界面的左下方。下面将介绍该游戏的具体玩法,如图 8-25 至图 8-27 所示。

图 8-25

01 选择【蜘蛛纸牌】菜单项

No1 在 Windows XP 系统桌面上单击【开始】按钮 。

No2 在弹出的开始菜单中选择【所有程序】菜单项。

No3 选择【游戏】菜单项。

No4 选择【蜘蛛纸牌】菜单项。

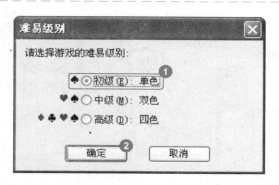

图 8-26

02 选中【初级:单色】单选项

No1 弹出【难易级别】对话框,选中【初级:单色】单选项。

No2 单击【确定】按钮 确定 。

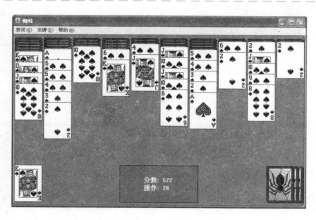

图 8-27

03 进行蜘蛛纸牌游戏

通过以上方法即可进行蜘蛛纸牌游戏。

8.5.2　科学运算

使用计算器可以计算正弦、余弦、正切、余切和平均值等,下面以计算"65"和"55"的平均值为例,介绍科学运算的方法,如图8-28~图8-32所示。

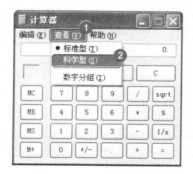

图8-28

01　选择【科学型】菜单项

No1　启动计算器,选择【查看】主菜单。

No2　在弹出的下拉菜单中选择【科学型】菜单项。

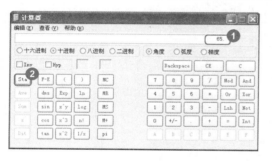

图8-29

02　输入数据

No1　在文本框中输入准备计算的第一个数据,如"65"。

No2　单击【Sta】按钮。

图8-30

03　单击【返回】按钮

弹出【统计框】对话框,单击【返回】按钮。

　教你一招

用鼠标左键和右键同时单击

单击【Sta】按钮,弹出【统计框】对话框后,输入数值单击【Dat】按钮即可将数值添加到统计框中,并对输入的数值进行计算。

图 8-31

04 单击【Ave】按钮

No1 返回到【计算器】窗口,在文本框中输入数据,如"55"。

No2 单击【Dat】按钮 Dat 。

No3 单击【Ave】按钮 Ave 。

图 8-32

05 完成计算数据

通过以上方法即可完成计算数据的操作。

读书笔记

第 9 章

初步掌握 Word 2007

本章内容导读

本章主要讲解 Word 2007 的基本功能、基本操作以及在 Word 2007 中编辑文档的操作，另外还讲解打印 Word 2007 文档方面的知识和技巧，最后根据平时工作需要，进行相关实践案例讲解的。通过本章的学习，读者可以初步认识 Word 2007，掌握 Word 2007 基本的操作技巧，为进一步学习 Word 2007 的相关知识打下坚实的基础。

本章知识要点

- ☑ 了解 Word 2007
- ☑ Word 2007 的基本操作
- ☑ 输入文本
- ☑ 编辑文本
- ☑ 设置文本格式
- ☑ 打印 Word 2007 文档

Section

9.1 初识 Word 2007

本节导读

Word 2007 是 Office 2007 中的一个重要的组成部分，是 Microsoft 公司推出的一款优秀文字处理软件，主要用于日常办公和文字处理等，可以更加迅速、便捷地完成美观的文档。使用 Word 2007 前首先要初步了解 Word 2007 的基本知识。

9.1.1 启动 Word 2007

一般可以通过快捷方式和 Windows 开始菜单两种方式启动 Word 2007，下面将分别介绍启动 Word 2007 的两种方式。

1. 通过快捷方式启动

安装好 Office 2007 后，在桌面上自动建立 Word 2007 的快捷方式图标，在桌面上双击【Microsoft Office Word 2007】快捷方式图标，即可启动 Word 2007，如图 9-1 所示。

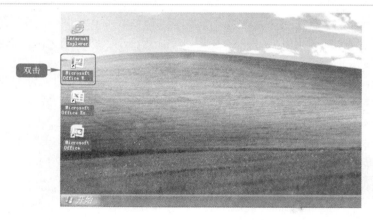

图 9-1

 教你一招

创建快捷方式图标

Word 2007 快捷方式的创建方法为：单击桌面【开始】按钮 [开始]，选择【所有程序】→【Microsoft Office】菜单项，用鼠标右键单击【Microsoft Office Word 2007】菜单项，在弹出的快捷菜单中选择【发送到】→【桌面快捷方式】菜单项即可。

2. 通过开始菜单启动

除了通过快捷方式启动,还可以通过使用开始菜单启动 Word 2007。在 Windows XP 系统桌面上单击【开始】按钮 ,选择【所有程序】→【Microsoft Office】→【Microsoft Office Word 2007】菜单项即可启动 Word 2007,如图 9-2 所示。

图 9-2

9.1.2 退出 Word 2007

将文件保存后,可分别通过直接退出和通过【Office】按钮 退出两种方式退出 Word 2007。下面分别介绍退出 Word 2007 的方法。

1. 直接退出

退出 Word 2007 最简便的方法是直接退出,将文档保存后,单击【关闭】按钮 ,直接退出 Word 2007,如图 9-3 所示。

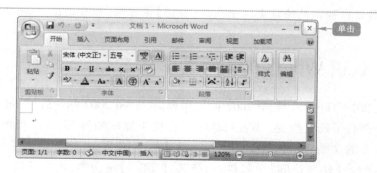

图 9-3

使用组合键退出 Word 2007

使用组合键退出 Word 2007 的方法:在键盘上按下组合键〈Alt〉+〈F4〉可直接退出 Word 2007。

2. 通过【Office】按钮退出

除了上述方法外,Word 2007 新添加了【Office】按钮,通过 Word 2007 的【Office】按钮同样可以完成退出 Word 2007 的操作。单击 Word 2007 工作界面左上角的【Office】按钮,在弹出的文件菜单中单击【退出 Word】按钮,即可完成退出 Word 2007 的操作,如图 9-4 所示。

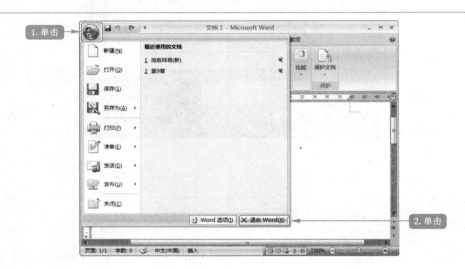

图 9-4

通过标题栏退出 Word 2007

除了上述退出 Word 2007 的方法外,还可以通过标题栏退出,具体方法如下:右键单击标题栏在弹出的快捷菜单中选择【关闭】菜单项,即可退出 Word 2007。

9.1.3 认识 Word 2007 的工作界面

启动 Word 2007 即可进入 Word 2007 的工作界面,Word 2007 相比较 Word 2003 无论从外观上还是功能上都有了较大改变。Word 2007 具有易于操作的界面,可以更加快捷地创建和共享具有专业水准的文档,此外,Word 2007 比以往版本的 Word 软件增添了许多新的特性。Word 2007 由标题栏、【快速访问】工具栏、功能区、【Office】按钮、水平标尺、垂直标尺、状态栏和滚动条等部分组成,如图 9-5 所示。

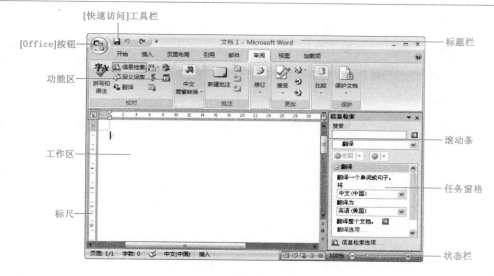

图 9-5

1. 标题栏

标题栏位于 Word 2007 工作界面的最上方,分别显示文档和程序名称,标题栏的最右侧分别是【最小化】按钮、【最大化】按钮/【向下还原】按钮、【关闭】按钮。

2.【Office】按钮

【Office】按钮位于 Word 2007 工作界面的左上角,通过【Office】按钮可以实现文档的新建、保存和关闭等功能。

3.【快速访问】工具栏

【快速访问】工具栏位于标题栏的左侧,可以自定义快速访问工具栏,在快速访问工具栏放置常用的命令,如新建、撤销、保存和绘制表格等命令。

4. 功能区

Word 2007 功能区分为【开始】、【插入】、【页面布局】、【引用】、【邮件】、【审阅】、【视图】和【加载项】等 8 个选项卡组成,为适应操作习惯,将功能相似的命令分类为选项卡下的不同组,如图 9-6 所示。

图 9-6

5. 工作区

工作区是 Word 2007 的主要工作区域,文档的编辑工作主要在该区域进行,可以输入文字、插入图片、设置和编辑文字格式。

6. 状态栏

状态栏位于 Word 2007 的最下方,其中包括页面信息、语法检查、视图模式和显示比例等内容,如图 9-7 所示。

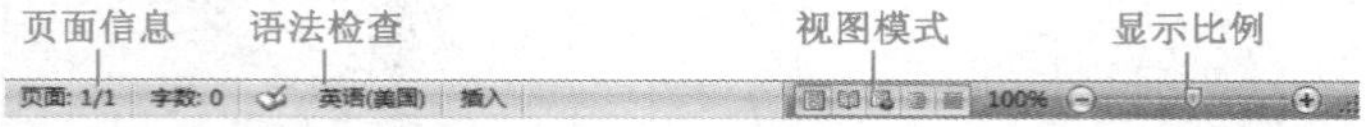

页面信息　语法检查　　　　　　　　视图模式　　　　显示比例

页面:1/1　字数:0　英语(美国)　插入　　　　　　　100%

图 9-7

Section 9.2　Word 2007 的基本操作

在学习了 Word 2007 的启动及退出操作,认识了 Word 2007 的操作界面后,接下来学习使用 Word 2007 对文档的基本操作,其中包括新建 Word 文档、保存 Word 文档、关闭 Word 文档和打开 Word 文档,下面分别介绍具体操作步骤。

9.2.1　新建 Word 文档

启动 Word 2007 后,系统会自动建立一个空白文档,在 Word 2007 中新建 Word 文档,可以使用【快速访问】工具栏或【Office】按钮来完成。

1. 通过【快速访问】工具栏新建文档

将【新建】按钮添加至【快速访问】工具栏,单击【快速访问】工具栏中的【新建】按钮,即可建立新的 Word 文档。

其他建立空白文档的方法

通过组合键也可建立新的空白文档,在键盘上按下组合键〈Ctrl〉+〈N〉也可以直接建立空白 Word 文档。

此外,在桌面空白区域单击鼠标右键,在弹出的快捷菜单中选择【新建】→【Microsoft Office Word 文档】菜单项,也可以建立 Word 空白文档。

2. 通过【Office】按钮新建文档

除了上述建立空白文档的方式,通过【Office】按钮 同样可以新建 Word 文档。下面介绍使用【Office】按钮 建立 Word 文档的方法,如图 9-8 ～图 9-10 所示。

图 9-8

01 选择【新建】菜单项

No1 在 Word 2007 主界面中单击【Office】按钮 。

No2 在文件菜单中选择【新建】菜单项。

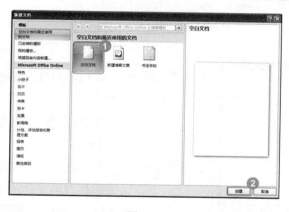

图 9-9

02 打开【新建文档】对话框新建文档

No1 弹出【新建文档】对话框,在【空白文档和最近使用的文档】区域中选择【空白文档】选项。

No2 单击【创建】按钮 。

图 9-10

03 完成新建文档

通过以上方法即可创建一个新的 Word 2007 文档

举一反三

此外,还可以建立博客文章和书法字帖。

9.2.2 保存 Word 文档

将文档进行及时的保存可以防止因为误操作而造成文档丢失的现象,在 Word 2007 中,可以通过使用【快速访问】工具栏和【Office】按钮来完成 Word 文档的保存。下面介绍保存 Word 文档的操作过程。

1. 使用【快速访问】工具栏保存文档

在 Word 2007 中可将常用命令设置在【快速访问】工具栏中,使用该命令时可以方便查找该命令。【保存】命令是【快速访问】工具栏中默认命令,保存文档时单击【保存】按钮,即可保存该文档。下面介绍首次保存 Word 文档的方法,如图 9-11 ~ 图 9-13 所示。

图 9-11

01 单击【保存】按钮

单击【快速访问】工具栏中的【保存】按钮。

图 9-12

02 打开【另存为】对话框保存文件

No1 选择文档的保存位置,如"我的文档"。

No2 在【文件名】文本框中,输入需要保存的文件的名称。

No3 单击【保存】按钮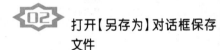。

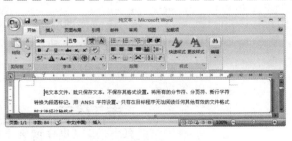

图 9-13

03 完成保存文件

保存文件以后,工作区的文档即被保存。

2. 使用【Office】按钮

单击【Office】按钮,在弹出的文件菜单中,选择【保存】菜单项,在弹出的【另存为】对话框中,选择保存位置,输入文件名称,单击【保存】按钮 保存(S) ,也可完成 Word 文档的保存工作。

9.2.3 打开 Word 文档

在准备对以前的文档进行编辑或修改时,需要打开该文件才能进行工作,下面介绍打开 Word 文档的方法。

1. 使用【Office】按钮打开 Word 文档

通过使用【Office】按钮 即可打开需要编辑的文档,下面介绍使用【Office】按钮 打开 Word 文档的具体步骤,如图 9-14 ~ 图 9-16 所示。

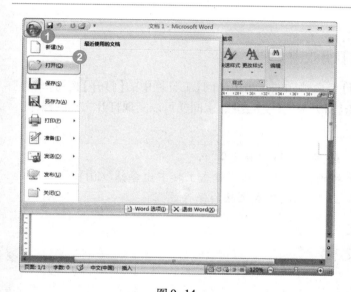

图 9-14

01 选择【打开】菜单项

No1 在 Word 主界面中,单击 【Office】按钮 。

No2 在弹出的文件菜单中,选择 【打开】菜单项。

图 9-15

02 打开【打开】对话框打开 文件

No1 选择文件所在的位置,如 "我的文档"。

No2 选择准备打开的文件,如 "纯文本"

No3 单击【打开】按钮 打开(0) 。

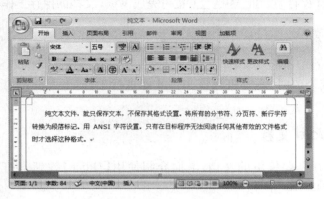

纯文本文件，就只保存文本，不保存其格式设置。将所有的分节符、分页符、新行字符转换为段落标记。用 ANSI 字符设置。只有在目标程序无法阅读任何其他有效的文件格式时才选择这种格式。

图 9-16

03 打开文件

通过以上操作，在 Word 2007 的工作区即显示该文档内容。

2. 使用【快速访问】工具栏打开文件

将【打开】命令添加到【快速访问】工具栏，单击【快速访问】工具栏中的【打开】按钮📂，在弹出的【打开】对话框中，选择文件，单击【打开】按钮 打开⑩ ，同样可以实现打开文档的操作。

 教你一招

使用组合键打开文件

使用键盘的组合键打开文档的具体方法为：在键盘上按下组合键〈Ctrl〉+〈O〉，在弹出的【打开】对话框中重复上述操作，完成文档的保存过程。

9.2.4 关闭 Word 文档

编辑完当前文档后，即可关闭当前工作文档，结束当前文档的编辑排版或进行下一文档的编辑排版工作。下面介绍在 Word 2007 中关闭当前文档的操作方法，如图 9-17 与图 9-18 所示。

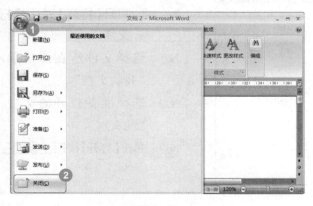

图 9-17

01 选择【关闭】菜单项

No1 在 Word 主界面中，单击【Office】按钮🔘。

No2 在弹出的文件菜单中，选择【关闭】菜单项。

图 9-18

关闭文档
通过以上方法即可完成关闭
Word 2007 文档的操作

输入文本

创建完新的文档或打开已有文档即可进行文本的输入。 文本是指汉字、字母、数字和符号等的集合，进行常见汉字、字母和数字的输入时选择合适的输入法即可，当输入不常用的特殊符号时需要进行一些特殊操作。 本节将介绍文本的输入操作。

9.3.1 输入文本的方法

将鼠标光标定位在 Word 2007 的工作区中，选择输入法，输入文本的内容，即可进行文本输入的操作，如图 9-19 所示。

图 9-19

9.3.2 输入特殊符号

在文本的输入过程中，除了输入普通的文本外，经常出现输入不常用的"§"、"％"和"@"等特殊符号的情况，有些特殊符号可以通过键盘进行输入，而有些符号在键盘上则找不到。下面介绍在输入特殊符号的方法，如图 9-20 ~ 图 9-22 所示。

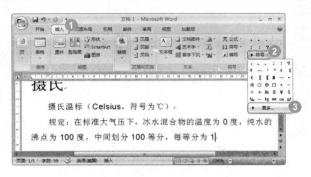

图 9-20

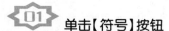

01 单击【符号】按钮

No1 打开需编辑的文档,选择【插入】选项卡。

No2 在【特殊符号】组中单击【符号】按钮。

No3 在弹出的下拉菜单中,选择单击【更多】选项。

图 9-21

02 选择特殊符号

No1 在弹出的【插入特殊符号】对话框中,选择【单位符号】选项卡。

No2 选择特殊符号"℃"。

No3 单击【确定】按钮。

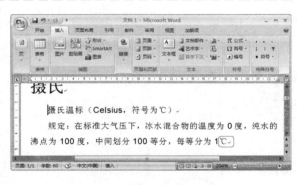

图 9-22

03 插入特殊符号

在文档中即插入了欲添加的特殊符号"℃"。

举一反三

单击【符号】按钮,可以在弹出的下拉菜单中直接选择常用特殊符号。

 教你一招

使用屏幕键盘输入特殊符号

一般的输入法均带有屏幕软键盘功能,打开屏幕软键盘,选择屏幕软键盘类型,输入相应的特殊符号,即可通过软键盘输入特殊符号,关闭屏幕软键盘则可进行正常的文本输入。

9.4 编辑文本

本节导读

　　Word 2007 的主要功能之一是进行文本的输入、编辑及排版工作。 掌握 Word 2007 的基本操作后，需掌握使用 Word 2007 编辑文本的操作，编辑文本的操作是对文档进行排版的基础。 本节将介绍编辑文本的基本操作，为编辑和排版工作打下基础。

9.4.1 选择文本

　　选择文本是进行一切文本编辑的基础,选择文本的方式比较多,下面介绍几种常用选择文本的操作。

1. 选取全文

　　当对全文进行编辑排版时,需对整篇文章进行选取,再对文本进行格式设置或段落格式设置等操作。下面介绍选取全文的方法,如图 9-23 与图 9-24 所示。

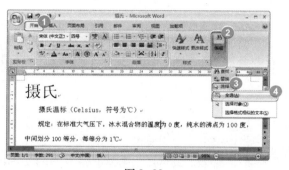

图 9-23

01 选择【全选】选项

No1 选择【开始】选项卡。

No2 单击【编辑】按钮。

No3 在弹出的下拉菜单中单击【选择】按钮。

No4 选择【全选】选项。

图 9-24

02 选择全部文本

　　在文档中的所有文本内容即被全部选中。

 举一反三

　　在键盘上按下组合键〈Ctrl〉+〈A〉可对文档全选。

2. 鼠标选取

将光标定位在选定文字的开始位置,按住左键不放,单击并拖动至目标位置,释放鼠标左键,即选定这些文字;此外,还可以将光标定位在选定文字的开始位置,按住〈Shift〉键不放的同时,单击选定的目标位置,也可选定这些文字,该方法适合任何位置的连续文本的选取。

3. 选取行

将鼠标指针放置在选定行的左侧,鼠标指针变为形时,单击鼠标即可选择该行;按住左键不放,单击并拖动鼠标至目标行,到达目标位置后,释放左键,即选定连续的多行。

4. 选取句子

选取整句话时,按住〈Ctrl〉键,单击文本中句子的一部分,则鼠标单击处的整个句子即被选定。

5. 选取段落

将鼠标指针定位在选定段落的左侧,鼠标指针变为形时,双击左键,选中该段落;或者,将鼠标指针定位在选定段落文本的任意位置,连续三次单击鼠标左键,即可选中该段落。

9.4.2 修改文本

对文本进行选择是为了对文本进行进一步的修改,修改文本包括文本的复制和粘贴等内容,下面介绍修改文本。

1. 复制和粘贴文本

复制和粘贴文本可以省去输入重复内容的麻烦,实践起来比较方便。下面介绍复制和粘贴文本的操作,如图9-25~图9-27所示。

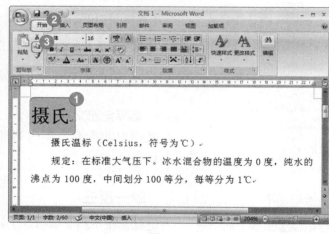

图9-25

01 复制文本

No1 选择准备复制的文本内容。

No2 选择【开始】选项卡。

No3 在【剪贴板】组中单击【复制】按钮。

举一反三

在键盘上按下组合键〈Ctrl〉+〈C〉同样可以实现复制功能。

图 9-26

 粘贴文本

No1 光标定位在粘贴文本位置。

No2 单击【粘贴】按钮 。

举一反三

在键盘上按下组合键〈Ctrl〉+
〈V〉也可实现粘贴功能。

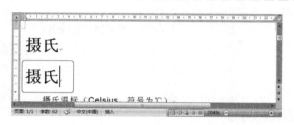

图 9-27

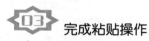 **完成粘贴操作**

将文件粘贴后,即在目标位置
完成粘贴复制内容的操作。

 教你一招

鼠标拖动实现复制粘贴

选中准备复制的文本,在键盘上按住〈Ctrl〉键不放的同时,单击并拖动鼠标左
键之目标位置,释放鼠标左键,可以在指定位置复制粘贴上选定文本内容。

2. 移动文本

移动文本是将原有文本移动至指定位置,而不保留原有位置的文本。下面介绍移动文本
的方法,如图 9-28 ~ 图 9-30 所示。

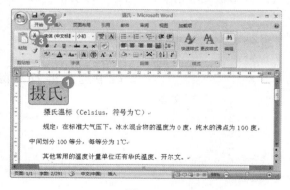

图 9-28

 剪切文本

No1 选择准备剪切的文本内容。

No2 选择【开始】选项卡。

No3 在【剪贴板】组中单击【剪
切】按钮 。

举一反三

在键盘上按下组合键〈Ctrl〉+
〈X〉同样可以实现剪切功能。

图 9-29

 **粘贴文本**

No1 将光标定位在准备粘贴文本的位置。

No2 在【剪贴板】组中单击【粘贴】按钮 。

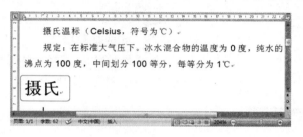

图 9-30

完成粘贴操作

将文件粘贴后，即在制定位置完成粘贴剪切内容的操作。

 教你一招

鼠标拖动实现移动粘贴

选中准备移动的文本，单击并拖动鼠标左键到目标位置，释放鼠标左键，可以在指定位置移动粘贴上选定文本内容。

9.4.3 删除文本

在进行文本编辑时，难免不会出现错误，当文本输入错误，需将文本删除，选择准备删除的文本，按下键盘〈BackSpace〉或〈Delete〉键，可以将选定文本删除，如图 9-31 与图 9-32 所示。

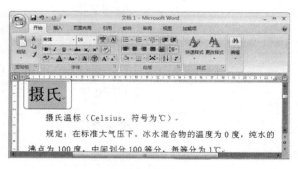

图 9-31

 **选择文本**

在文档中选择准备删除的文本。

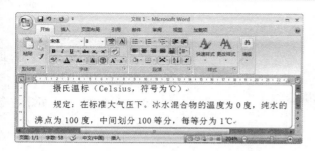

图 9-32

02 删除文本

按下键盘〈BackSpace〉键或〈Delete〉键,将选中文本删除。

9.4.4 查找和替换文本

查找和替换文本可以准确轻松查找替换指定内容,下面分别介绍查找文本和替换文本的方法。

1. 查找文本

当文本内容比较多,需查看制定内容时,查找比较费时费力,使用查找功能可以轻松查找到制定文本。下面介绍查找文本的方法,如图9-33~图9-35所示。

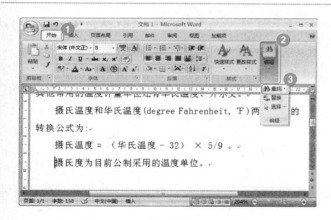

图 9-33

01 选择【查找】选项

No1 选择【开始】选项卡。

No2 单击【编辑】按钮。

No3 单击【查找】按钮。

举一反三

在键盘上按下组合键〈Ctrl〉+〈F〉同样可以实现查找功能。

图 9-34

02 插入特殊符号

No1 在【查找内容】文本框中输入查找的内容,如"纯水"。

No2 单击【查找下一处】按钮。

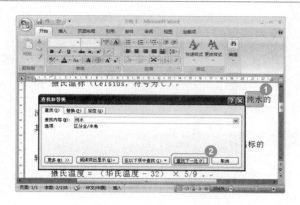

图 9-35

03 查找目标文本

No1 在文档中被查找的内容即被选定。

No2 单击【查找下一处】按钮 查找下一处(F)，继续查找。

2. 替换文本

替换文本是将被替换文本替换成指定的文本内容,使用替换功能查找并替换文本,可以一次性替换所有目标文本,提高工作效率,避免了逐一查找而造成替换不全的现象。下面介绍替换文本的操作方法,如图9-36 ~ 图9-38 所示。

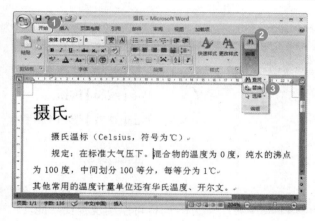

图 9-36

01 选择【替换】选项

No1 选择【开始】选项卡。

No2 单击【编辑】按钮 。

No3 单击【替换】按钮 替换。

举一反三

在键盘上按下组合键〈Ctrl〉+〈H〉同样可以实现替换功能。

图 9-37

02 输入替换内容

No1 在【查找内容】文本框中输入被替换的内容。

No2 单击【全部替换】按钮 全部替换(A)。

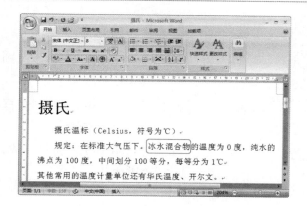

图 9-38

03 替换文本

通过以上操作，文档中的"混合物"被替换为"冰水混合物"。

举一反三

单击【替换】按钮，可以逐一替换文本。

教你一招

限制查找替换条件

如果对查找替换的要求较高，可以单击【更多】按钮，显示更多搜索限制，如搜索方向、区分大小写和区分前缀等。

9.5 设置文本格式

本节导读

在 Word 2007 中，对文本进行格式的设置包括更改文本字体、大小、样式和段落间距等，合理的文本格式设置可以增加编辑文本的可视性、组织性以及美观性，可以强调文本的重点和结构。本节将介绍设置文本格式的方式。

9.5.1 设置字符格式

根据编辑文本中不同字符发挥的作用，可以对文本中的字符进行格式设置，以便突出重点美化文字。设置文字格式可以使用浮动的工具栏、【开始】选项卡中的【字体】组和打开【字体】对话框三种方法进行，下面详细介绍设置字符格式的具体方法。

1. 利用浮动工具栏设置字符格式

在选定文本中的字符后，在选定目标上单击鼠标右键，即显示出浮动的工具栏。通过浮动的工具栏可以对文字的字体、字号、颜色和文字样式等进行设置。下面介绍利用浮动工具栏设置字符格式的方法，如图 9-39 ~ 图 9-41 所示。

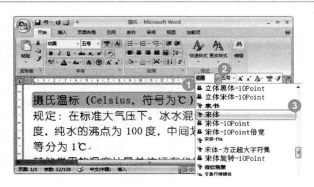

图 9-39

01 设定字体

No1　选定目标文字,弹出浮动工具栏。

No2　单击【字体】下拉列表框右侧的下拉箭头。

No3　在下拉列表中选择字体,如"宋体"。

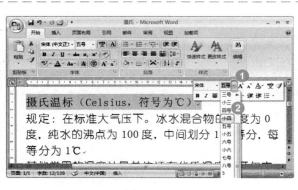

图 9-40

02 设置字号

No1　单击【字号】下拉列表框右侧的下拉箭头。

No2　在下拉列表中选择字号,如"小四"。

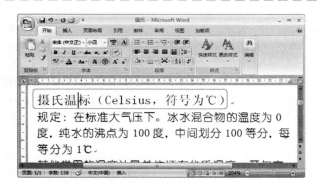

图 9-41

03 完成字体格式设置

　　目标文字即被设置为预定的格式,"宋体"和"小四"。

 举一反三

　　在浮动工具栏中还可以设置字符的颜色的底纹颜色等。

 教你一招

使用快捷键进行字符格式设置

　　使用键盘上的组合键也可以对文本的字符格式进行快速设置,具体方法如下:在键盘上按下组合键〈Ctrl〉+〈B〉进行字体加粗操作,〈Ctrl〉+〈I〉可以设置斜体字,〈Ctrl〉+〈U〉在选定文本文字添加下划线。

2. 打开【字体】对话框设置文本格式

打开字体对话框，可以对字体进行设置，如设置字体的效果等。下面介绍打开【字体】对话框设置文本格式，如图9-42～图9-44所示。

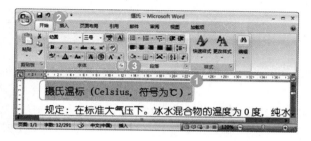

图9-42

01 单击【启动器】按钮

No1 选定目标文字。

No2 选择【开始】选项卡。

No3 在【字体】组中，单击【启动器】按钮 。

图9-43

02 设置文本格式

No1 单击【中文字体】下拉列表框右侧的下拉箭头，在下拉列表中选择字体，如"宋体"。

No2 在【字形】区域中选择字形，如"常规"。

No3 在【字号】区域中选择字号，如"小四"。

No4 单击【确定】按钮 确定 。

举一反三

在键盘上按下组合键〈Ctrl〉+〈D〉也可打开【字体】对话框。

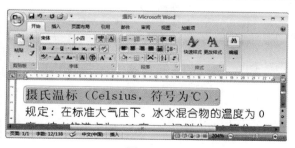

图9-44

03 完成字体格式设置

目标文字即被设置为预定的格式，"宋体"和"小四"。

9.5.2 设置段落格式

对文档的段落格式进行设置,可以方便文档的排版,美化文档。下面介绍打开【段落】对话框设置段落格式的方法,如图9-45～图9-47所示。

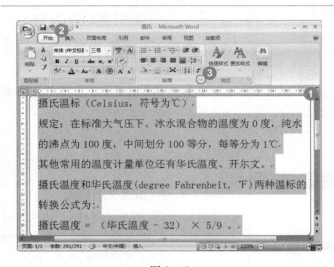

图 9-45

01 打开【段落】对话框

No1 选择目标文本。

No2 选择【开始】选项卡。

No3 在【段落】组中,单击【启动器】按钮。

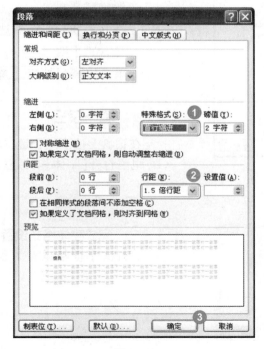

图 9-46

02 设置段落格式

No1 在【缩进】区域中单击【特殊格式】下拉列表框中选择【首行缩进】菜单项。

No2 在【间距】区域中单击【行距】下拉列表框中选择【1.5倍行距】菜单项。

No3 单击【确定】按钮。

举一反三

选定文本后,单据鼠标右键,在快捷菜单中选择【段落】选项,可以直接打开【段落】对话框。

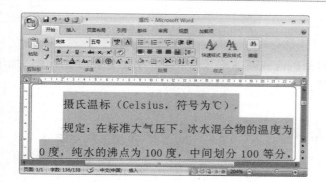

图 9-47

03 完成段落格式设置

文档中的文本段落即被设置为预定格式，"首行缩进"和"1.5倍行间距"。

2. 使用【段落】组进行设置

使用【开始】选项卡中的【段落】组中的命令可以对文档的行间距、对齐方式和中文版式等进行设置。下面介绍使用【段落】组设置段落格式，如图 9-48 与图 9-49 所示。

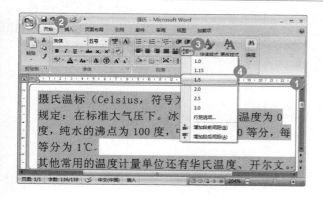

图 9-48

01 设置段落格式

No1 选择目标文本。

No2 选择【开始】选项卡。

No3 在【段落】组中的单击【行距】按钮。

No4 在下拉菜单中，选择行间距选项，如"1.5"。

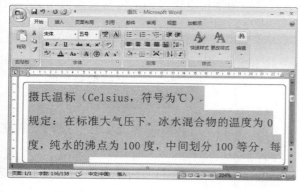

图 9-49

02 完成段落格式设置

完成以上操作，文档中的段落格式行间距置为 1.5 倍行间距。

9.5.3 添加项目符号

项目符号是放在文本前用以强调效果的点或其他符号。下面介绍在 Word 2007 中添加项目符号的方法,如图 9-50 与图 9-51 所示。

图 9-50

01 选择项目符号

No1 选择目标文本。

No2 在【段落】组中单击【项目符号】按钮 右侧的下拉箭头。

No3 在弹出的下拉菜单中选择准备添加的项目符号类型。

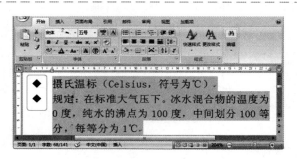

图 9-51

02 完成添加项目符号

通过以上操作在 Word 文档的前端即显示添加的项目符号。

9.5.4 添加编号

编号是放在文档前按照顺序排列的代码,合理编号可以使文档的结构更加清晰,更富有条理。下面介绍添加编号的方法,如图 9-52 与图 9-53 所示。

图 9-52

01 选择编号类型

No1 选择目标文本。

No2 单击【编号】按钮 右侧拉箭头。

No3 在弹出的下拉菜单中选择准备添加的编号。

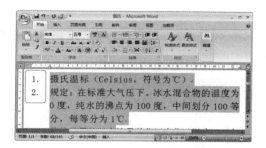

图 9-53

02 **完成添加编号**

通过以上操作在 Word 2007 文档的前端即显示添加的编号。

Section

9.6 打印 Word 文档

本节导读

使用 Word 2007 进行文档编辑的目的之一是将 Word 文档输出，形成书面材料。打印 Word 文档前需对文档的页面，打印纸张的方向和纸张大小等进行设置，此外通过打印预览功能可以查看文档打印之后的效果。本节将介绍打印 Word 文档的相关知识。

9.6.1 设置页边距

设置合理页边距使文档正文和页面边缘保持合适的距离，不仅利于装订，节省纸张，更可以起到美观的作用。下面介绍设置页边距的方法，如图 9-54 与图 9-55 所示。

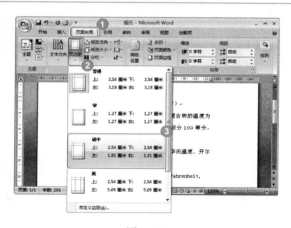

图 9-54

设置页边距

No1 选择【页面布局】选择卡。

No2 单击【页面设置】组中的【页边距】按钮。

No3 在下拉列表中选择合适的页边距选项，如"适中"。

举一反三

选择【自定义页边距】选项可以根据需要自由输入页边距数值，自定义页边距大小。

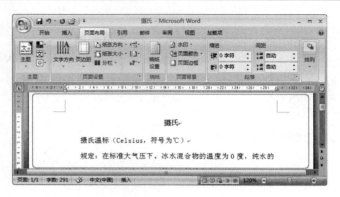

图 9-55

 **成功设置页边距大小**

完成以上操作后，文档的四周页边距即被设置为预设大小。

 教你一招

使用装订线设置

装订线边距设置是在文档的顶部或左侧留出额外的边距空间，设置装订线边距可以保证在装订时文字不会被装订在可视区外侧，而且不会被装订线盖住。在【页面布局】组中打开【页面设置】对话框即可对装订线的边距以及装订线所在的位置进行设置。

9.6.2 设置纸张大小

在 Word 文档中选择合适的纸型以适合打印纸张，一般在文档输入前进行纸张的设置，以利于文档的排版，在录入时可以直接看到排版效果，方便后续的修改。下面介绍设置纸张大小的方法，如图 9-56 与图 9-57 所示。

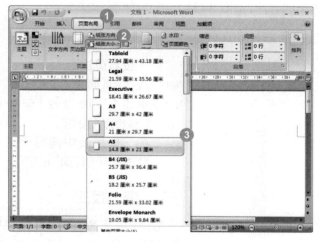

图 9-56

设置纸张大小

No1 选择【页面布局】选择卡。

No2 单击【纸张大小】按钮 纸张大小。

No3 在下拉列表中，选择合适的纸型选项，如"A5"。

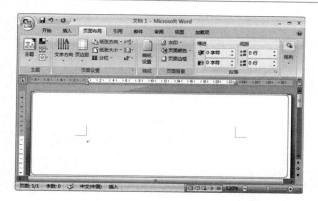

图 9-57

02 **完成纸张设置**

完成以上操作后,文档的纸张大小设置为预定纸型"A5"。

9.6.3 设置纸张方向

在 Word 文档进行排版时,有时会出现横向排版的情况,此时需要设置纸张方向才能顺利进行排版和打印。下面介绍设置纸张方向的方法,如图 9-58 与图 9-59 所示。

图 9-58

01 **选择纸张方向**

No1 选择【页面布局】选项卡。

No2 在【页面设置】组中单击【纸张方向】按钮 纸张方向▾。

No3 在弹出的下拉菜单中选择【横向】选项。

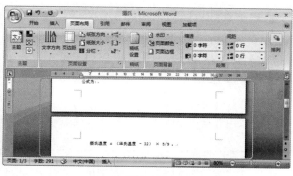

图 9-59

02 **完成设置纸张方向**

文档中的排版方式变为横向排版,打印文档时的纸张方向为横向打印。

9.6.4　打印预览

在文档打印前,可预览欲打印的文档,查找是否有排版错误,以达到最佳打印效果。下面介绍如何使用打印预览,如图9-60与图9-61所示。

图9-60

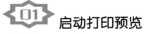

启动打印预览

No1　单击【Office】按钮 。

No2　在文件菜单中选择【打印】菜单项。

No3　在弹出的下拉子菜单中选择【打印预览】子菜单项。

图9-61

打印预览

No1　Word 2007 的工作区显示出文档的预览情况。

No2　单击【关闭打印预览】按钮 即可关闭打印预览状态。

教你一招

在【快速访问】工具栏中启动打印预览命令

单击【快速访问】工具栏右侧的下拉箭头,在下拉类表中选择【打印预览】选项,将【打印预览】按钮 添加到【快速访问】工具栏中,单击【快速访问】工具栏中的【打印预览】按钮 ,即可快速启动打印预览命令。

9.6.5　打印文档

打印文档可对文档的全部或部分进行打印,打印前设置打印的相关数据,按照要求进行打印。下面介绍打印文档的内容,如图9-62与图9-63所示。

图 9-62

01 启动打印

No1 单击【Office】按钮。

No2 在文件菜单中选择【打印】
子菜单项。

No3 在弹出的下拉菜单中选择
【打印】子菜单项。

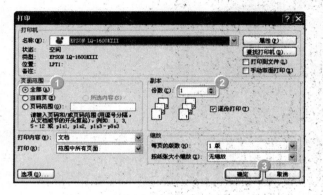

图 9-63

02 打印设置

No1 在【页面范围】区域选择
【全部】单选框。

No2 在【副本】区域中的【份数】
微调框中选择打印的份数。

No3 单击【确定】按钮 确定 ，
进行打印。

9.7 实践案例

　　设置完文档的字符格式和段落格式后，为了使文档看起来更加美观，可视性更强，可以对文档进行一定的美化，在文档上添加底纹和边框。本节实践案例将讲解在文档中添加底纹和边框的应用。

9.7.1 添加边框

　　在文档中添加边框，不仅起到美观的作用，更加可以将文档的各个区域进行分化，使每个区域各有特点，利于文档的可视性，此外，合理的添加边框还可以突出文档重点。下面介绍添加边框的方法，如图 9-64 与图 9-65 所示。

素材文件	配套素材\第9章\素材文件\添加边框 . docx
效果文件	配套素材\第9章\效果文件\添加边框 . docx

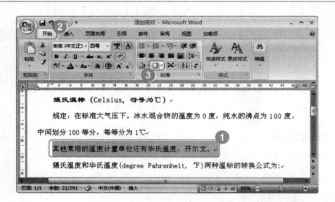

图 9-64

01 添加边框

No1 选择准备添加边框的文本文字。

No2 选择【开始】选项卡。

No3 在【段落】组中单击【底纹和边框】按钮□▼。

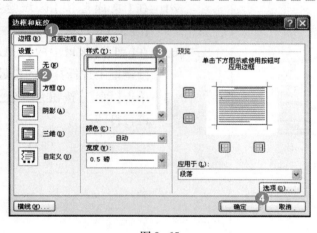

图 9-65

02 设置边框样式

No1 选择【边框】选项卡。

No2 在【设置】区域选择边框的种类。

No3 在【样式】区域选择边框样式。

No4 单击【确定】按钮 确定 。

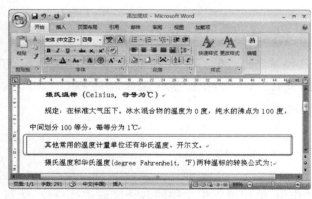

图 9-66

03 完成添加边框

完成以上操作后,选定文字即被添加上预定的边框。

9.7.2 添加底纹

为了起到美化的作用,可以将文本添加上底纹,使文本的空白处看起来更加充实。下面介绍添加底纹的方法,如图 9-67 与图 9-68 所示。

| 素材文件 | 配套素材\第 9 章\素材文件\添加底纹 . docx |
| 效果文件 | 配套素材\第 9 章\效果文件\添加底纹 . docx |

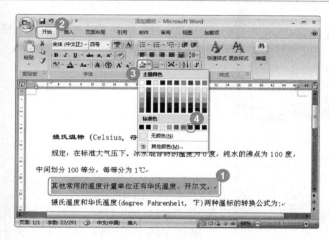

图 9-67

01 设置底纹颜色

No1 选择准备添加边框的文本文字。

No2 选择【开始】选项卡。

No3 在【段落】组中单击【底纹】按钮右侧下拉箭头。

No4 在弹出的下拉菜单中选择颜色。

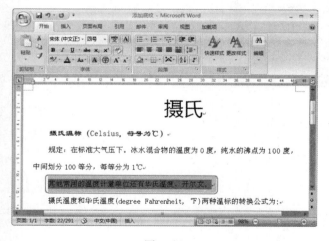

图 9-68

02 完成添加底纹

完成上述操作,选定文字即被添加上预定样式的底纹。

9.7.3 格式刷的使用

格式刷是用来复制格式的工具,使用格式刷工具可以将文本的格式进行复制,应用到目标文本中。下面介绍格式刷的使用,如图9-69与图9-70所示。

| 素材文件 | 配套素材\第9章\素材文件\格式刷.docx |
| 效果文件 | 配套素材\第9章\效果文件\格式刷.docx |

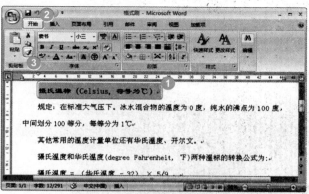

图 9-69

01 选择格式

No1 选择准备添加格式的文本。

No2 选择【开始】选项卡。

No3 在【剪贴板】组中单击【格式刷】按钮。

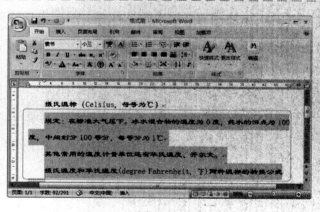

图 9-70

02 应用格式

鼠标变成刷形,选择准备应用该格式的文本,目标文本变为指定格式。

 ## 读书笔记

第 10 章
美化 Word 文档

本章内容导读

　　本章主要介绍美化 Word 文档的相关知识，对在文档中插入图形、图片、剪贴画和艺术字等美化操作进行详细介绍，另外还介绍在 Word 文档中使用表格的基本操作以及对 Word 文档中的表格进行编辑及美化的操作。通过本章的学习可以掌握在 Word 文档中进行美化的技巧，为 Word 文档的编辑工作打下良好的基础，以便在实践中更加优秀地完成 Word 2007 的编辑排版工作。

本章知识要点

☑ 对 Word 文档进行美化
☑ 在 Word 文档中插入剪贴画
☑ 将图片插入到 Word 文档中
☑ 在 Word 文档中加入表格
☑ 编辑 Word 文档中的表格
☑ 美化 Word 文档中的表格

10.1 在 Word 文档中使用对象

本节导读

在掌握了 Word 2007 的基本操作和基本编辑排版操作后，若建立一份美观且图文并茂的文档还需掌握在 Word 文档中使用对象，将剪贴画、图片和艺术字等插入到 Word 文档中，可以使 Word 文档生动起来。 本节将介绍在 Word 文档中插入对象的操作。

10.1.1 插入图形

Word 2007 带有各种图形,在 Word 文档中可以插入系统自带的图形,如矩形、线条、基本图形和流程图等,使用这些图形可以方便地进行图形标注,明晰文档内容。下面介绍插入图形的方法,如图 10-1 ~ 图 10-4 所示。

图 10-1

01 选择图形

No1 选择【插入】选项卡。

No2 在【插图】组中单击【形状】按钮。

No3 在弹出的下拉菜单中选择图形。

图 10-2

02 插入图形

No1 在准备插入图形的位置单击。

No2 单击并拖动图形周围的控制点调整图形大小。

图 10-3

03 选择样式

No1 选中插入的图形,选择【格式】选项卡。

No2 在【形状样式】组中选择准备应用的形状样式。

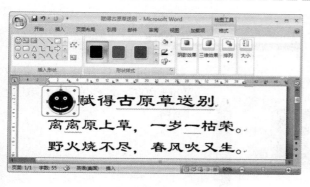

图 10-4

04 添加图形

通过以上操作,在 Word 文档中即添加上图形。

10.1.2 插入图片

根据文档的内容,可以插入符合的图片,使文档充实生动起来。下面介绍插入图片的操作,如图 10-5 ~ 图 10-7 所示。

图 10-5

01 打开【插入图片】对话框

No1 选择【插入】选项卡。

No2 在【插图】组中单击【图片】按钮 。

图 10-6

02 选择图片

No1 在弹出的【插入图片】对话框中,选择准备插入的图片。

No2 单击【插入】按钮 插入(S)。

举一反三

选择图片后可以直接按下键盘〈S〉键添加图片。

图 10-7

03 插入图片

通过以上方法即可完成在 Word 2007 文档中插入图片的操作。

 教你一招

更 改 图 片

插入图片后,如果图片不合适可以更改该图片,更改图片的方式如下:将鼠标指针定位,右键单击准备更改的图片,在弹出的快捷菜单中选择【更改图片】菜单项,弹出【插入图片】对话框,选择更改的图片,单击【插入】按钮 插入(S)。即可更改原有图片。

10.1.3 插入剪贴画

剪贴画是 Word 2007 中自带的图片,可以为文档文字增加色彩。Word 2007 中的部分剪贴画为矢量图像,可以根据需要编辑和修改这些剪贴画,使剪贴画的内容更加符合文档的内容,并且在文档中直接添加非矢量图像的剪贴画,可以免去寻找图片的麻烦。下面介绍插入剪贴画的操作,如图 10-8 ~ 图 10-12 所示。

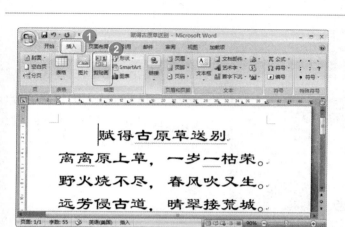

图 10-8

01 打开【剪贴画】任务栏

No1 选择【插入】选项卡。

No2 在【插图】组中单击【剪贴画】按钮。

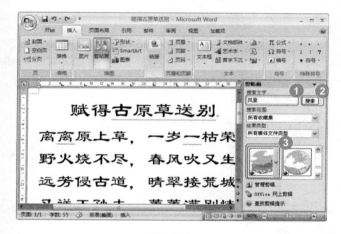

图 10-9

02 插入剪贴画

No1 打开【剪贴画】任务窗格在【搜索文字】文本框中输入搜索的内容。

No2 单击【搜索】按钮。

No3 选择合适剪贴画，单击该剪贴画的缩略图。

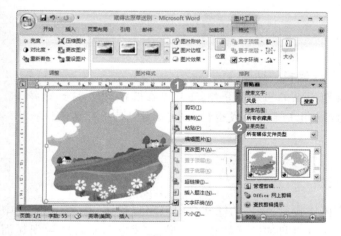

图 10-10

03 选择剪贴画

No1 成功添加剪贴画。

No2 右键单击插入的剪贴画，在弹出的快捷菜单中选择【编辑图片】菜单项。

图 10-11

04 编辑剪贴画

No1 剪贴画变为编辑模式。

No2 选择剪贴画上的组成部分，在键盘上按下〈Delete〉键，删除该部分。

图 10-12

05 完成添加

通过上述方法即可在 Word 2007 中完成剪贴画的添加操作。

 教你一招

编辑剪贴画

除了可以更改组成矢量图像剪贴画的组成部分外，还可以在选择剪贴画后，选择【格式】选项卡，使用【绘图工具】添加图形和图片或进行上色，对剪贴画进行编辑。

10.1.4 插入艺术字

对 Word 文档进行编辑时，设置字体格式后，字体的样式会仍然略显单调，在 Word 文档中插入艺术字不仅可以美化 Word 文档，还可以起到良好的艺术效果，艺术字常常被应用到封面和标题的制作中。下面讲解插入艺术字的操作，如图 10-13 ~ 图 10-15 所示。

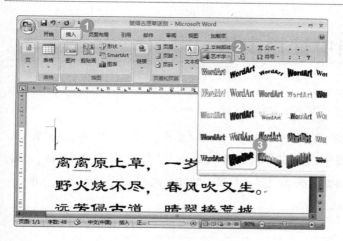

图 10-13

01　选择艺术字样式

No1　选择【插入】选项卡。

No2　在【文本】组中单击【艺术字】按钮 艺术字。

No3　在弹出的下拉列表中,选择艺术字样式。

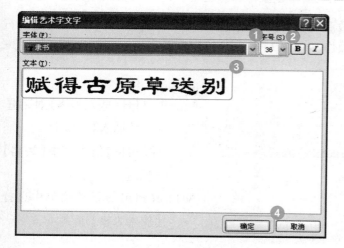

图 10-14

02　编辑艺术字内容

No1　在【字体】下拉列表中选择字体,如"隶书"。

No2　在【字号】下拉列表中选择字号,如"36"。

No3　在【文本】文本框中输入艺术字内容。

No4　单击【确定】按钮 确定。

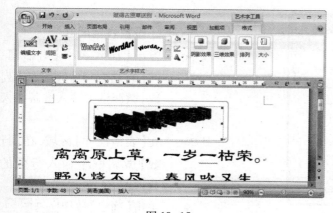

图 10-15

03　完成添加

通过上述方法即可完成在 Word 2007 文档中添加艺术字的操作。

Section

10.2 在 Word 文档中使用表格

本节导读

Word 文档在编辑时，常常应用到表格，如课程表、员工名单、出勤表和资料列表等。在 Word 文档中应用表格，可以令文档看起来条理清晰，易于查看，并且将表格进行美化操作更加可以增添 Word 文档的艺术感。本节将介绍在 Word 文档中表格的应用。

10.2.1 插入表格

在插入表格时可以对表格的行数和列数等进行设定，以便在 Word 文档中插入指定的行列数的表格。下面介绍插入表格的操作，如图 10-16 ~ 图 10-18 所示。

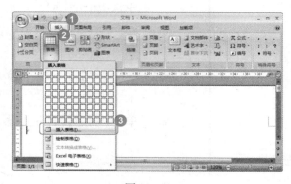

图 10-16

01 打开【插入表格】对话框

No1 选择【插入】选项卡。

No2 在【表格】组中单击【表格】按钮。

No3 在弹出的下拉菜单中选择【插入表格】选项。

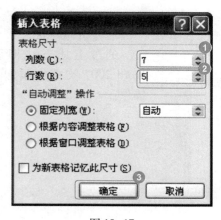

图 10-17

02 设置表格尺寸

No1 弹出【插入表格】对话框，在【表格尺寸】区域的【列数】微调框中输入准备插入的列数。

No2 在【表格尺寸】区域，在【行数】微调框中输入行数的数值。

No3 单击【确定】按钮。

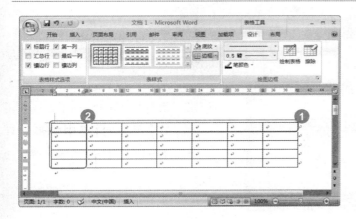

图 10-18

03 插入表格

No1 插入的表格的列数为7。

No2 插入的表格的行数为5。

教你一招

快速插入表格

在 Word 2007 中,提供了快速添加表格的快捷方式,规格在 10×8 以下的表格均可快速插入文档。快速插入表格方法如下:选择【插入】选项卡,在【表格】组中单击【表格】按钮▦,在弹出的下拉列表中的【插入表格】区域选择表格规格。

10.2.2 插入表格行与列

插入表格后,随着文本的录入会出现插入表格的行数和列数不够的情况,此时可以插入行列,增加表格的尺寸。下面介绍插入表格行与列的操作,如图 10-19～图 10-21 所示。

图 10-19

01 插入表格的行

No1 将鼠标光标定位在准备添加行的位置。

No2 选择【布局】选项卡。

No3 在【行和列】组中单击【在下方插入】按钮▦ 在下方插入。

图 10-20

图 10-21

02 插入表格的列

No1 将鼠标光标定位在准备添加列的位置。

No2 选择【布局】选项卡。

No3 在【行和列】组中单击【在右侧插入】按钮 ▉在右侧插入 。

03 完成插入表格行与列

No1 在原有表格上添加上表格的行。

No2 在原有表格上添加上表格的列。

 教你一招

其他方式插入表格的行和列

除了使用工具栏插入表格,还可以使用弹出的快捷菜单插入表格的行和列,具体方法如下:将鼠标光标定位在准备添加行的位置,单击鼠标右键,在弹出的快捷菜单中选择【插入】选项,在弹出的子菜单中选择行和列的添加方向,即可插入表格的行和列。

此外,选择【布局】选项卡,在【行和列】组中单击启动按钮 ▣,启动【插入单元格】对话框,选择插入行或列,单击【确定】按钮 确定 ,也可以完成添加。

10.2.3 删除表格行与列

在应用表格过程中,常会有表格的行或列多余的情况,为使得表格标准,适应文档需要,可将多余的表格行与列删除。以下将讲解删除行与列的操作,如图 10-22～图 10-24 所示。

图 10-22

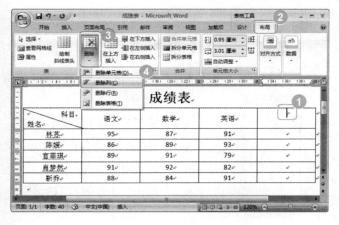

图 10-23

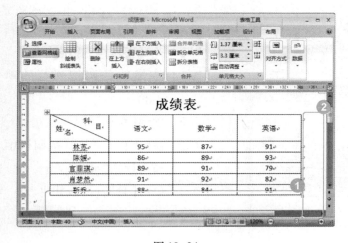

图 10-24

01 删除表格的行

No1 将鼠标光标定位在准备删除行的位置。

No2 选择【布局】选项卡。

No3 在【行和列】组中,单击【删除】按钮 ⊠ 。

No4 在弹出的下拉菜单中,选择【删除行】选项。

02 删除表格的列

No1 将鼠标光标定位在准备删除列的位置。

No2 选择【布局】选项卡。

No3 在【行和列】组中,单击【删除】按钮 ⊠ 。

No3 在弹出的下拉菜单中,选择【删除列】选项。

03 完成删除操作

No1 通过删除行的操作,即可将指定行删除。

No2 通过删除列的操作,即可将指定列删除。

其他方式删除表格

使用弹出的快捷菜单也可实现删除表格的行和列,具体方法如下:将鼠标光标定位在准备删除行或列的位置,单击鼠标右键,在弹出的快捷菜单中选择【删除单元格】选项,在弹出的【删除单元格】对话框,选择删除行或列,单击【确定】按钮 确定,即可删除表格的行或列。

10.2.4 调整行高与列宽

在 Word 2007 的编辑过程中,常常应用到表格,但是表格的大小不一定会符合文档的内容,此时可以调整 Word 表格中行高与列宽的尺寸以适应文档内容,使文档达到美观的目的。下面介绍调整行高和列宽的操作,如图 10-25 ~ 图 10-27 所示。

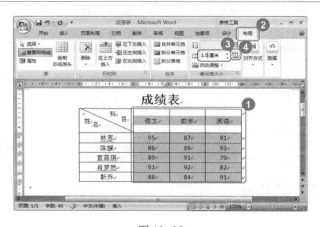

图 10-25

01 调整表格的列宽

No1 选择准备调整列宽的单元格。

No2 选择【布局】选项卡。

No3 在【表格列宽度】微调框中输入列宽的数值。

No4 单击【分布列】按钮。

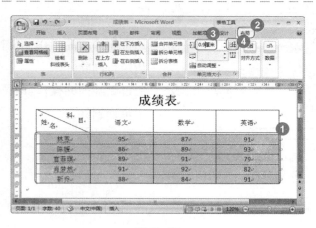

图 10-26

02 调整表格的行高

No1 选择准备调整列宽的单元格。

No2 选择【布局】选项卡。

No3 在【表格行高度】微调框中输入行高的数值。

No4 单击【分布行】按钮。

图 10-27

03 完成行高和列宽的调整

通过以上的操作,即可将表格的行高和列宽设定为制定尺寸。

自动调整表格

将鼠标光标定位在目标表格内部,选择【布局】选项卡,在【单元格大小】组中单击【自动调整】按钮 自动调整,在弹出的下拉列表中,选择【根据内容自动调整表格】或【根据窗口自动调整表格】选项,即可将表格的大小设置为适合内容或者适合窗口的尺寸。

此外,将鼠标光标定位在目标表格内部,选择【布局】选项卡,在【单元格大小】组中,单击【启动器】 ,在弹出的【表格属性】对话框中同样可以对表格的大小进行调整。通过此方法不仅可以设置单元格的大小,还可以设置整个表格的尺寸。

Section

10.3 编辑表格

在 Word 文档中插入的表格或许不能够完全符合文档编辑的需要, 当输入的表格为特殊样式时, 须将表格进行拆分合并处理, 以适应文档的输入需要, 因此, 插入完表格还须对表格进行编辑。 本节将介绍合并单元格、拆分单元格和拆分表格等编辑表格的操作。

10.3.1 合并单元格

合并单元格是将两个或两个以上的单元格合并为一个单元格,在制作表格合计栏、总结栏或标题栏时常常使用到该操作。合并单元格既可以合并同列的单元格也可以合并同行的单元格。下面介绍合并单元格的操作,如图10-28与图10-29所示。

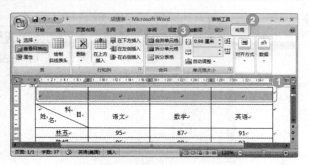

图 10-28

01 选择单元格

No1 选择准备合并的单元格。

No2 选择【布局】选项卡。

No3 在【合并】组中单击【合并单元格】按钮。

图 10-29

02 合并单元格

通过上述合并操作,即可将选定单元格合并为一个单元格。

 教你一招

快捷菜单合并表格

选择准备合并的单元格,单击鼠标右键,在弹出的快捷菜单中选择【合并单元格】菜单项,也可实现合并单元格操作。

10.3.2 拆分单元格

拆分单元格是合并单元格的反操作,可以将一个单元格拆分为两个或两个以上。下面介绍拆分单元格的操作,如图 10-30 ~ 图 10-32 所示。

图 10-30

01 选择单元格

No1 选择准备拆分的单元格。

No2 选择【布局】选项卡。

No3 在【合并】组中单击【拆分单元格】按钮。

图 10-31

02　设置拆分单元格数量

No1　在【列数】微调框输入列数。

No2　在【行数】微调框输入行数。

No3　单击【确定】按钮 确定 。

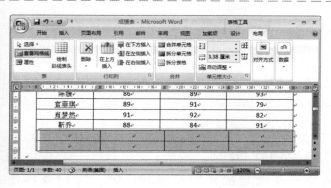

图 10-32

03　拆分单元格

通过以上操作即可完成拆分单元格的操作。

举一反三

单击鼠标右键在弹出的快捷菜单中选中【拆分单元格】菜单项也可拆分单元格。

10.3.3　拆分表格

拆分单元格是将整张表格分为两个或两个以上表格，以方便表格的编辑，并且拆分后的表格保持相同样式，免去了重复操作的麻烦。下面介绍拆分表格的操作，如图 10-33 与图 10-34 所示。

图 10-33

01　选择准备拆分的表格行

No1　将光标定位在准备拆分表格行的任意单元格中。

No2　选择【布局】选项卡。

No3　在【合并】组中单击【拆分表格】按钮 拆分表格 。

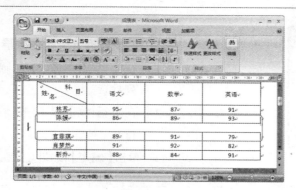

图 10-34

 完成拆分表格

表格拆分完成。

举一反三

将光标定位在准备拆分行的任意单元格上,在键盘上按下组合键〈Shift〉+〈Ctrl〉+〈Enter〉,同样可以实现拆分表格的操作。

Section 10.4 美化表格

本节导读

将表格编辑完成后,为将表格与美化后的文档风格相一致,可对表格进行美化操作,使表格看起来更加具有艺术效果。 美化表格时可以对表格的边框和底纹设置,使表格具有不同的效果。 本节将介绍通过设置表格的边框和底纹来美化表格的方法。

10.4.1 设置表格边框

插入的表格的默认形式比较单一,通过设置表格的边框可以使表格更加醒目,更加具有可视性。设置表格边框不仅可以设置边框的样式,还可以设置表格的颜色。下面介绍设置表格边框的方法,如图10-35 ~ 图10-37 所示。

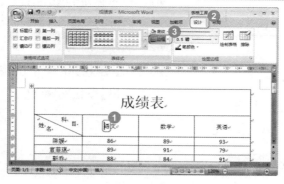

01 打开【边框和底纹】对话框

No1 将光标定位在表格内。

No2 选择【设计】选项卡。

No3 在【表样式】组中单击【边框】按钮。

图 10-35

图 10-36

图 10-37

02 设置边框样式

No1 在【边框和底纹】对话框中选择【边框】选项卡。

No2 在【设置】区域选择【全部】选项。

No3 在【样式】列表框中选择边框样式。

No4 单击【确定】按钮 确定 。

03 设置边框成功

表格边框被设置成功。

举一反三

单击鼠标右键,在快捷菜单中选择【边框和底纹】菜单项也可以打开【边框和底纹】对话框。

10.4.2 设置表格底纹

设置表格底纹是将表格的底纹填充上不同的颜色,使空白位置充实起来,起到美观的作用。下面介绍设置表格底纹的方式,如图 10-38 与图 10-39 所示。

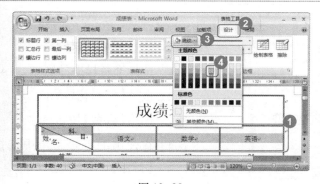

图 10-38

01 设置表格底纹

No1 选择准备添加的区域。

No2 选择【设计】选项卡。

No3 在【表样式】组中单击【底纹】按钮 底纹 。

No4 在弹出下拉菜单的【主题颜色】区域选择颜色。

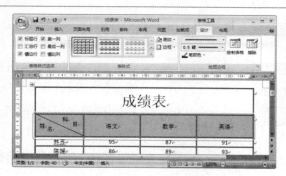

图 10-39

02 设置底纹成功

通过以上操作,即可为 Word 2007 中的表格完成添加底纹。

Section

10.5 实践案例

在 Word 2007 的实践操作中,表格是比较常见的编辑类型,对表格的操作进行深入学习可以令 Word 文档在编辑过程中更加顺利,同时表格更加可以令文档条理清晰,美观简洁。 本节将以两个实践案例介绍表格内容排序和数字计算等功能的操作实践。

10.5.1 表格内容排序

将表格内容排序是将表格的文字内容按照拼音或笔画等排序,或将数字按照大小排序等。下面介绍表格内容排序的方法,如图 10-40 ~ 图 10-42 所示。

| 素材文件 | 配套素材\第 10 章\素材文件\排序 . docx |
| 效果文件 | 配套素材\第 10 章\效果文件\排序 . docx |

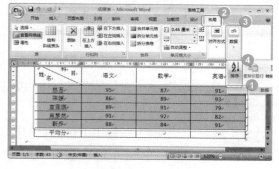

图 10-40

01 选择排序区域

No1 选择准备排序的区域。

No2 选择【布局】选项卡。

No3 单击【数据】按钮。

No4 在弹出的下拉菜单中选择【排序】菜单项。

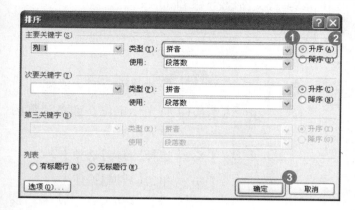

图 10-41

[02] 设置排序方式

No1 弹出【排序】对话框，在【在主要关键字】区域中单击【类型】下拉列表框选择【拼音】列表项。

No2 选中【升序】单选项。

No3 单击【确定】按钮 确定 。

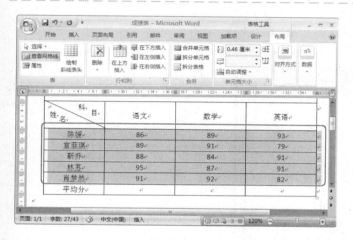

图 10-42

[03] 完成排序

完成以上操作后，选中区域的内容即按照指定方式排序。

教你一招

巧用其他关键字排序

在进行排序时，常用到的排序方式为按照主要关键字排序，当主要关键字重复或分不清主次时，可以通过选择次要关键字甚至第三关键字来区分，以使排序顺利进行。

10.5.2 数字计算

数字计算是将表格中的数据进行求和或求平均数等处理，方便了表格的操作。在单元格中加入一个简单的用于执行的操作，如 SUM、AVERAGE 或 COUNT 等，可以对 Word 文档表格中的数字进行简单的运算计算。掌握表格中数字的计算，不仅可以提高工作效率，更加免去了额外计算的负担。下面将介绍在 Word 2007 中对文档表格的数字进行数字计算的方法，如图 10-43 ~ 图 10-45 所示。

素材文件	配套素材\第 10 章\素材文件\数字求和 . docx
效果文件	配套素材\第 10 章\效果文件\数字求和 . docx

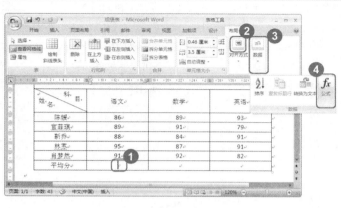

图 10-43

01 打开【公式】对话框

No1 将光标定位在准备计算的单元格中。

No2 选择【布局】选项卡。

No3 单击【数据】按钮。

No4 在弹出的下拉菜单中选择【公式】选项。

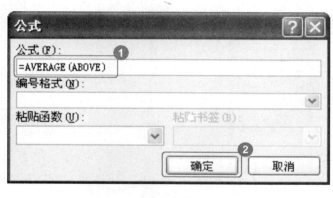

图 10-44

02 设置公式

No1 在【公式】文本框中输入准备计算的公式。

No2 单击【确定】按钮。

03 计算成功

完成公式计算操作后,在指定的单元格中添加上了数字计算结果。

图 10-45

第 11 章

初步掌握 Excel 2007

本章内容导读

本章主要介绍 Excel 2007 的基本操作知识，其中包括认识 Excel 2007、工作簿和工作表的基本操作、行和列的操作等，还讲解在 Excel 2007 中输入数据的相关操作技巧。掌握以上知识可以对 Excel 2007 进行基本的操作，此外，通过学习掌握 Excel 2007 的输出打印方法，可以在实践中方便应用。通过本章的学习，可以对 Excel 2007 的常用操作有个深刻的了解，为后续学习 Excel 2007 的其他操作奠定坚实的基础。

本章知识要点

- ☑ 认识 Excel 2007
- ☑ 掌握 Excel 2007 的基本操作
- ☑ 掌握工作簿和工作表的概念
- ☑ 学习 Excel 2007 单元格的应用
- ☑ Excel 2007 中输入数字的操作
- ☑ 掌握 Excel 2007 的输出方法

Section
11.1 初识 Excel 2007

本节导读

Excel 2007 是 Office 2007 的重要组成部分。 Excel 2007 可以进行各种数据处理、统计及分析，在各个领域具有广泛的应用。 认识 Excel 2007 是学习 Excel 2007 所有操作的基础，本节将重点讲解 Excel 2007 的基本知识。

11.1.1 启动 Excel 2007

在进行所有操作时需先将 Excel 2007 进行启动,进入 Excel 2007 才能进行各项操作。启动 Excel 2007 通常有两种方式:通过双击桌面的 Excel 2007 的快捷方式启动和通过开始菜单启动。读者可以根据不同的操作习惯选择适合的启动方式,下面分别介绍 Excel 2007 的两种启动方式。

1. 使用桌面快捷方式启动 Excel 2007

在电脑中安装好 Office 2007 后,在桌面上自动建立一个【Microsoft Office Excel 2007】快捷方式图标。在 Windows XP 操作系统的桌面上双击【Microsoft Office Excel 2007】快捷方式图标,即可启动 Excel 2007,如图 11-1 所示。

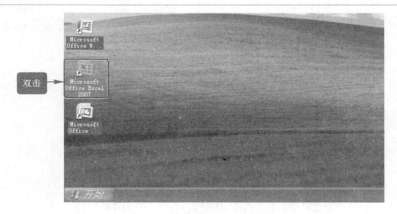

图 11-1

2. 使用开始菜单启动 Excel 2007

除了使用 Windows 桌面上的快捷图标启动 Excel 2007,还可以通过【开始】菜单启动 Excel 2007。在 Windows XP 操作系统的桌面左下角,单击【开始】按钮，选择【所有程序】→【Microsoft Office】→【Microsoft Office Excel 2007】菜单项,即可启动 Excel 2007,如图 11-2 所示。

图 11-2

11.1.2 退出 Excel 2007

当结束对 Excel 2007 的操作后，可将 Excel 2007 退出。退出一般有使用【Office】按钮 退出和直接退出两种方式，下面分别介绍退出 Excel 2007 的两种方法。

1. 使用【Office】按钮 退出

通过 Excel 2007 的【Office】按钮 可以完成退出 Excel 2007 的操作。单击 Excel 2007 工作界面左上角的【Office】按钮 ，在弹出的文件菜单中单击【退出 Excel】按钮 ，即可完成退出 Excel 2007 的操作，如图 11-3 所示。

图 11-3

2. 直接退出 Excel 2007

退出 Excel 2007 最简便的方法是直接退出,将文档保存后,单击【关闭】按钮 × ,直接退出 Excel 2007,如图 11-4 所示。

图 11-4

 教你一招

使用组合键退出 Excel 2007

使用组合键退出 Excel 2007 的方法:在键盘上按下组合键〈Alt〉+〈F4〉,可以直接完成退出 Excel 2007 的操作。

11.1.3 认识 Excel 2007 的工作界面

Excel 2007 相比较 Excel 2003 无论是在界面上还是功能上均有较大的改变,其界面更加美观且更加易于操作。Excel 2007 的工作界面主要由标题栏、【快速访问】工具栏、功能区、【Office】按钮 、名称栏、编辑栏、浮动工具栏、工作区、滚动条和状态栏等部分组成,如图 11-5 所示。

图 11-5

1. 名称栏和编辑栏

名称栏和编辑栏用来显示当前活动单元的的工作状态,由名称栏、编辑栏和【插入函数】按钮 f_x 等部分组成,名称栏可以显示当前选定单元格的名称,编辑栏随着操作的变化而变化,如图11-6所示。

图 11-6

2. 浮动工具栏

浮动工具栏是 Excel 2007 较 Excel 2003 新添加的功能,通过浮动工具栏可以快速编辑输入的数据内容。将鼠标光标定位在 Excel 2007 的工作界面,单击鼠标右键即可弹出浮动工具栏,如图11-7所示。

图 11-7

3. 工作区

在工作区中由行和列交汇处所构成的方格称为单元格,单元格是 Excel 2007 的基本存储单元,在活动的单元格中可以进行文字或数据的输入与编辑工作。将鼠标指针移至单元格上,单击鼠标左键,该单元格即成为当前的活动单元格。

4. 状态栏

状态栏可以用来显示当前的工作状态,另外,通过状态栏还可以改变 Excel 2007 的工作区的视图方式和显示比例。

Section
11.2 工作簿的基本操作

本节导读

在 Excel 2007 中用来处理并存储数据的文件称为工作簿,一个工作簿是一个独立的 Excel 文件,通常情况下的扩展名为 .xlsx。本节将介绍 Excel 2007 工作簿的基本操作。

11.2.1 新建工作簿

启动 Excel 2007 后系统将自动建立一个新的工作簿,此外还可以通过使用【快速访问】工具栏或【Office】按钮来建立新的工作簿。

1. 使用【快速访问】工具栏新建工作簿

将新建命令添加到【快速访问】工具栏,通过单击快速访问工具栏中的【新建】按钮□,即可新建工作簿,如图 11-8 ~ 图 11-10 所示。

图 11-8

01 添加按钮

No1 单击【快速访问】工具栏右侧的下拉箭头。

No2 在弹出的下拉菜单中选择【新建】菜单项。

图 11-9

02 新建工作薄

【新建】按钮□成功添加到【快速访问】工具栏中,在【快速访问】工具栏中单击【新建】按钮□。

图 11-10

03 新建成功

通过以上操作即可建立一个新的工作簿。

举一反三

在键盘上按下组合键〈Ctrl〉+〈N〉可快速新建工作簿。

2. 通过【Office】按钮新建文档

单击【Office】按钮,在文件菜单中选择【新建】菜单项,在弹出的【新建工作簿】对话框中的【空白文档和最近使用的文档】区域中选择【空白工作簿】选项,单击【创建】按钮,即

可创建一个新的 Excel 2007 工作簿。

11.2.2 保存工作簿

对工作簿中的数据进行及时保存,可以防止误操作造成数据丢失。下面介绍保存工作簿的操作方法。

1. 使用【Office】按钮保存工作簿

Excel 2007 比 Excel 2003 新添加了【Office】按钮,通过使用【Office】按钮可以方便的保存工作簿,如图 11-11 ~ 图 11-13 所示。

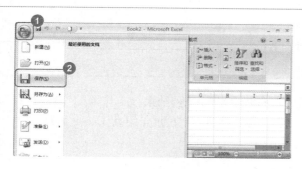

图 11-11

 打开【另存为】对话框

No1 单击 Excel 2007 左上角的【Office】按钮。

No2 在弹出的文件菜单中选择【保存】菜单项。

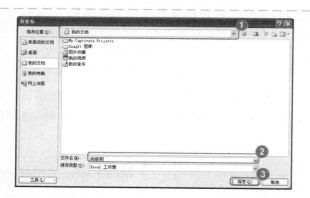

图 11-12

 选择保存位置

No1 弹出【另存为】对话框,选择文件保存的位置。

No2 在【文件名】文本框中输入该工作簿文件名。

No3 单击【保存】按钮 保存(S)。

图 11-13

 保存成功

保存完成后,在 Excel 2007 的标题栏上显示出该文件名。

171

2. 使用【快速访问】工具栏保存工作簿

单击【快速访问】工具栏中的【保存】按钮🖫，在弹出的【另存为】对话框中命名工作簿名称，选择保存工作簿的位置，单击【保存】按钮 保存(S)，即可实现使用【快速访问】工具栏保存该工作簿的操作。

教你一招

使用组合键保存 Excel 2007 工作簿

使用组合键保存 Excel 2007 的方法：在键盘上同时按下组合键〈Ctrl〉+〈S〉，弹出【另存为】对话框，选择保存位置，命名工作簿，单击【保存】按钮 保存(S)，即可保存该工作簿。

11.2.3 关闭工作簿

在工作簿编辑结束，保存该工作薄后，则可以关闭工作簿，结束该工作薄的操作，进行下一工作薄的编辑和排版工作。关闭工作簿一般分为两种方式，下面介绍在 Excel 2007 中关闭工作薄的方法。

1. 使用【Office】按钮关闭工作簿

在 Excel 2007 的主界面，单击【Office】按钮🔘，在弹出的文件菜单中选择【关闭】菜单项，通过以上方法即可关闭当前工作的工作薄。

2. 直接关闭工作簿

除了使用【Office】按钮🔘关闭工作簿的方法外，还可以通过单击功能区的【关闭窗口】× 按钮直接关闭当前工作的工作薄。下面介绍直接关闭工作簿的方法，如图 11-14 与图 11-15 所示。

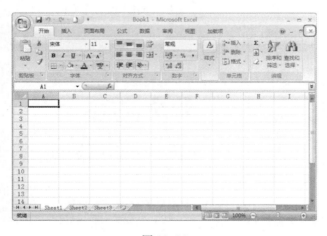

图 11-14

 单击【关闭窗口】按钮

在 Excel 2007 的功能区中，单击【关闭窗口】按钮×。

举一反三

在功能区中，单击【窗口最小化】按钮—，可以将工作薄最小化；单击【还原窗口】按钮▫，可以还原该工作簿。

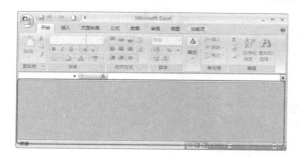

图 11-15

02 关闭工作簿

通过以上操作,在 Excel 2007 中的工作簿即被关闭。

11.2.4 打开工作簿

准备编辑工作簿时,需将工作簿打开,再进行数据处理。一般可以通过【Office】按钮 或者【快速访问】工具栏打开工作簿,下面介绍打开工作簿的方法。

1. 使用【Office】按钮打开工作簿

使用【Office】按钮 可以打开工作簿,下面介绍使用【Office】按钮 打开工作簿的方法,如图 11-16 ~ 图 11-18 所示。

图 11-16

01 打开【打开】对话框

No1 单击【Office】按钮。

No2 在弹出的文件菜单中,选择【打开】菜单项。

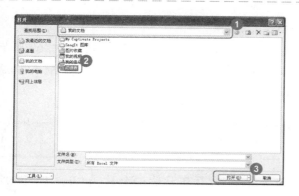

图 11-17

02 选择打开的文件

No1 弹出【打开】对话框,选择准备打开文件所在位置。

No2 选择准备打开的文件。

No3 单击【打开】按钮 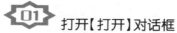。

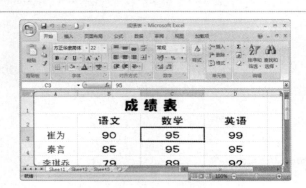

图 11-18

03 打开工作薄

在 Excel 2007 的工作区域即打开目标工作簿。

2.【快速访问】工具栏打开工作簿

【快速访问】工具栏是自定义工具栏,将命令自定义添加到【快速访问】工具栏中可以快速执行该命令。除了使用【Office】按钮 打开工作薄。还可以使用【快速访问】工具栏打开工作薄。将【打开】命令添加到【快速访问】工具栏,单击【快速访问】工具栏中的【打开】按钮 ,在弹出的【打开】对话框中,选择工作薄,单击【打开】按钮 ,同样可以实现打开工作薄的操作。

教你一招

使用组合键打开 Excel 2007 工作薄

使用组合键打开 Excel 2007 的方法:在键盘上同时按下组合键〈Ctrl〉+〈O〉,弹出【打开】对话框,选择工作薄所在位置,选择工作薄,单击【打开】按钮 ,即可打开该工作薄。

Section
11.3 工作表的基本操作

本节导读

工作表是显示在工作簿区域中的表格,其包含行和列组成的单元格,是进行数据存储和处理的重要部分。本节将介绍处理工作表的基本操作。

11.3.1 新建工作表

一个新建工作簿默认包含的工作表数为三个,默认工作表的名称为:Sheet1、Sheet2 和 Sheet3,其中标签为白色的是当前活动工作表。下面介绍新建工作表的方法,如图 11-19 与图 11-20 所示。

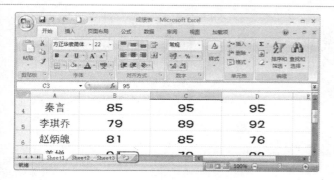

图 11-19

01 新建工作表

在工作区域单击【插入工作表】按钮 。

举一反三

在键盘上按下组合键〈Shift〉+〈F11〉也可实现新建工作表的操作。

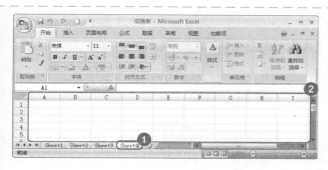

图 11-20

02 完成新建工作表

No1 在 Excel 2007 标签栏中显示新建的工作表标签。

No2 在 Excel 2007 的工作区域添加上一个新的工作表。

11.3.2 删除工作表

当工作簿中的工作表数量比较多,出现多余的工作表时,可以将工作表进行删除。下面介绍删除工作表的操作,如图 11-21 与图 11-22 所示。

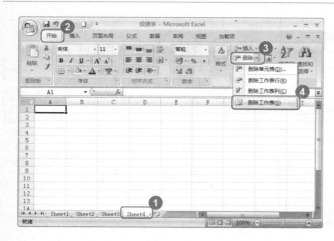

图 11-21

01 选择准备删除的工作表

No1 选择准备删除的工作表标签。

No2 选择【开始】选项卡。

No3 在【单元格】组中单击【删除】按钮右侧的下拉箭头。

No4 在弹出的下拉列表框中选择【删除工作表】选项。

图 11-22

02 删除工作表

完成以上操作后，即将选中的工作表删除。

11.3.3 复制工作表

复制工作表是将已有工作表复制出一个或多个副本，可以将原有数据备份。下面介绍复制工作表的操作，如图 11-23 ~ 图 11-25 所示。

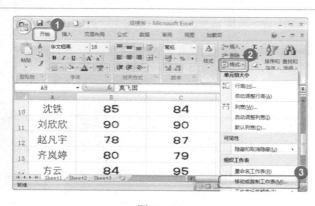

图 11-23

01 打开【移动或辅助】对话框

No1 选择【开始】选项卡。

No2 在【单元格】组中单击【格式】按钮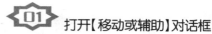。

No3 在弹出的下拉菜单中选择【移动或复制工作表】选项。

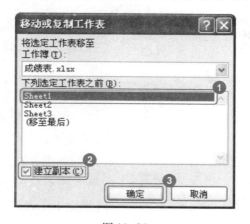

图 11-24

02 复制工作表

No1 弹出【移动或复制工作表】对话框，在【下列选定工作表之前】区域中选择准备复制到的位置。

No2 选中【建立副本】复选框。

No3 单击【确定】按钮 确定 。

图 11-25

03 完成复制

No1 显示出复制的工作表。

No2 复制出的工作表标签名称
为 Sheet1(2)。

11.3.4 设置工作表标签颜色

在 Excel 2007 中可以通过改变工作标签的颜色起到引人注意,区分各个工作表标签的作用。下面介绍设置工作表标签颜色的方法,如图 11-26 与图 11-27 所示。

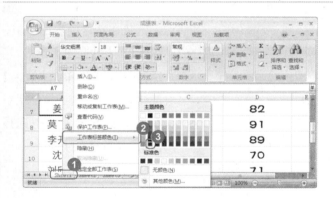

图 11-26

01 选择颜色

No1 右键单击准备改变颜色的工作表标签。

No2 在弹出的快捷菜单中选择【工作表标签颜色】菜单项。

No3 在弹出的颜色面板中的【主题颜色】区域选择颜色。

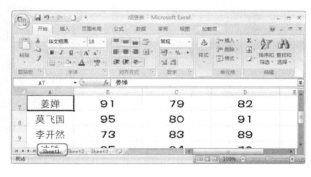

图 11-27

02 更改颜色

完成以上操作后,选中的工作表标签颜色被更改为预定的颜色。

Section

11.4 行和列的基本操作

☆节导读

在 Excel 2007 中，主要的操作对象是 Excel 中的工作表。 工作表是由行和列组成的单元格，对行和列进行操作是对工作表进行数据输入和处理的基础。 本节将介绍在 Excel 2007 中的行和列的基本操作。

11.4.1 插入行和列

对工作表进行编辑时,可以根据不同需要插入行和列。当插入新的行和列时,其他行和列将让出空白的地方使新的行和列插入。下面介绍插入行和列的操作方法,如图 11-28 ~ 图 11-30 所示。

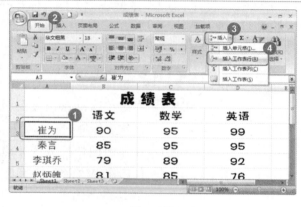

图 11-28

01 插入工作表行

No1 选择插入新行位置,新行插入位置在选定内容的上方。

No2 选择【开始】选项卡。

No3 在【单元格】组单击【插入】按钮右侧下拉箭头。

No4 在弹出的下拉菜单中选择【插入工作表行】选项。

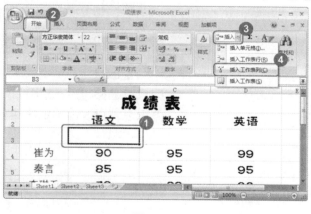

图 11-29

02 插入工作表列

No1 选择插入新列位置,新列插入位置在选定内容的左侧。

No2 选择【开始】选项卡。

No3 在【单元格】组单击【插入】按钮右侧下拉箭头。

No4 在弹出的下拉菜单中选择【插入工作表列】选项。

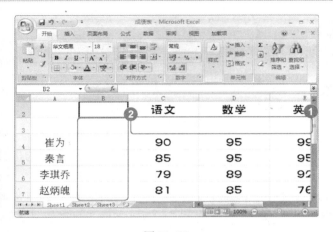

图 11-30

03 完成插入行和列

No1 通过以上操作即可在指定位置插入新的行。

No2 在指定位置插入了新的列。

 教你一招

使用快捷菜单插入行和列

在准备插入行或列的位置选择一个单元格,单击鼠标右键,在弹出的快捷菜单中选择【插入】菜单项,在【插入】对话框选择插入行或列,单击【确定】按钮 确定 ,即可插入行或列。

11.4.2 删除行和列

对 Excel 工作表进行编辑时,可能会有原有表格的行或列出现多余的情况,此时不需重建工作表,只需将多余的行或列删除即可。下面介绍删除行和列的操作方法,如图 11-31 ~ 图 11-33 所示。

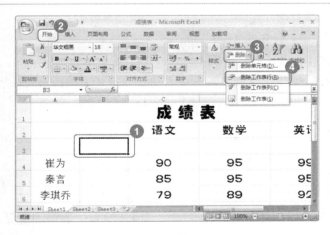

图 11-31

01 删除工作表行

No1 选择一个准备删除行所在的单元格。

No2 选择【开始】选项卡。

No3 单击【单元格】组中的【删除】按钮 删除 右侧的下拉箭头。

No4 在弹出的下拉菜单中选择【删除工作表行】菜单项。

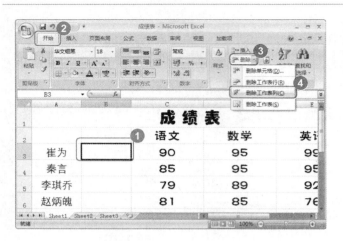

图 11-32

02 删除工作表列

No1 选择一个准备删除列所在的单元格。

No2 选择【开始】选项卡。

No3 单击【单元格】组中的【删除】按钮 右侧的下拉箭头。

No4 在弹出的下拉菜单中选择【删除工作表列】菜单项。

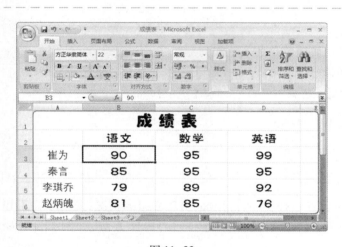

图 11-33

03 完成删除

完成以上操作后,即可将选定的多余行和列删除。

教你一招

使用快捷菜单删除行和列

选择准备删除行或列中的一个单元格,单击鼠标右键在弹出的快捷菜单中选择【删除】菜单项,在【删除】对话框选择删除行或列,单击【确定】按钮 确定 ,即可删除行或列。

11.4.3 调整行高和列宽

在 Excel 工作表中输入数据或文字内容时,会出现单元格尺寸不适合输入的数据的情况,此时可以根据不同情况使用相应的方法调整工作表行高和列宽。下面介绍调整行高和列宽的操作方法。

1. 调整固定的行高和列宽

在工作表中输入完内容后，如果行高和列宽不合适，可以将所选的单元格设置为固定统一的行高和列宽。下面介绍设置固定行高和列宽的方法，如图11-34～图11-38所示。

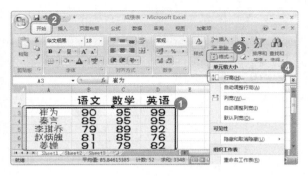

图 11-34

图 11-35

01 调整行高

No1 选择调整行高单元格区域。

No2 选择【开始】选项卡。

No3 在【单元格】组中单击【格式】按钮 格式 。

No4 在弹出的下拉列表中选择【行高】选项。

02 设定行高

No1 在【行高】文本框输入行高。

No2 单击【确定】按钮 确定 。

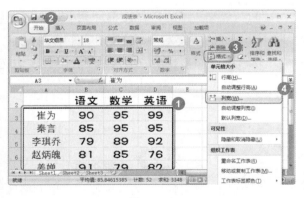

图 11-36

图 11-37

03 调整列宽

No1 选择调整列宽单元格区域。

No2 选择【开始】选项卡。

No3 在【单元格】组中单击【格式】按钮 格式 。

No4 在弹出的下拉列表中选择【列宽】选项。

04 设定列宽

No1 在【列宽】文本框输入列宽。

No2 单击【确定】按钮 确定 。

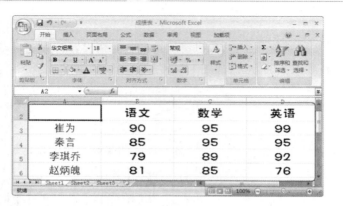

图 11-38

05 调整成功

完成以上操作后,即可将行高和列宽调整为指定行高和列宽。

2. 自动调整行高和列宽

自动调整行高和列宽是将行高和列宽调整为适合工作表内容的尺寸。下面介绍自动调整行高和列宽的方法,如图 11-39 ~ 图 11-41 所示。

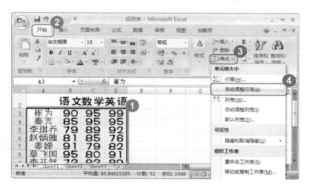

图 11-39

01 调整行高

No1 选择调整行高单元格区域。

No2 选择【开始】选项卡。

No3 在【单元格】组中单击【格式】按钮。

No4 在弹出的下拉列表中选择【自动调整行高】选项。

图 11-40

02 调整列宽

No1 选择调整列宽单元格区域。

No2 选择【开始】选项卡。

No3 在【单元格】组中单击【格式】按钮。

No4 在弹出的下拉列表中选择【自动调整列宽】选项。

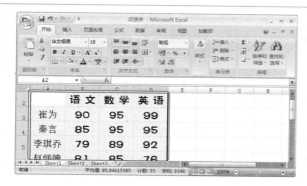

图 11-41

03 完成调整

通过以上操作即可使行高和列宽调整为适合单元格内容的大小。

Section

11.5 单元格的基本操作

本节导读

单元格是工作表的基本单位，是行和列的交叉点。 在工作表中进行数据的编辑和处理是在单元格中进行的。 单元格可以进行拆分和合并。 单元格是按照行列的位置来命名的。 本节将介绍单元格的基本操作。

11.5.1 插入单元格

插入单元格是将单个的单元格插入工作表中的指定位置,插入的单元格可以插入到选定单元格的上方,也可以插入到选定单元格的左侧。下面介绍插入单元格的操作方法,如图 11-42 ~ 图 11-44 所示。

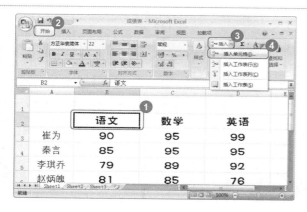

图 11-42

01 打开【插入】对话框

No1 选择插入新单元格位置。

No2 选择【开始】选项卡。

No3 在【单元格】组中单击【插入】按钮右侧下拉箭头。

No4 在弹出的下拉菜单中选择【插入单元格】选项。

图 11-43

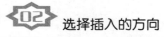

02 选择插入的方向

No1 在【插入】对话框选中【活动单元格下移】单选项。

No2 单击【确定】按钮 确定 。

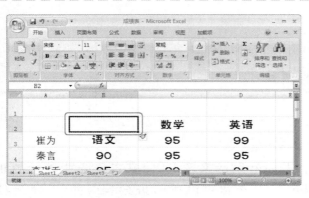

图 11-44

03 完成添加单元格

在选定的单元格上方即可添加一个新的单元格。

举一反三

在键盘上按下组合键〈Shift〉+〈Ctrl〉+〈=〉可打开【插入】对话框。

11.5.2 删除单元格

删除单元格不同于删除行和列,而是只删除单个的多余单元格。下面介绍删除单元格的操作方法,如图 11-45 ~ 图 11-47 所示。

图 11-45

01 打开【插入】对话框

No1 选择删除的单元格。

No2 选择【开始】选项卡。

No3 在【单元格】组中单击【删除】按钮 删除 右侧下拉箭头。

No4 在弹出的下拉菜单中选择【删除单元格】选项。

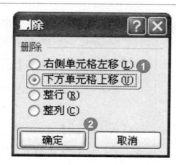

图 11-46

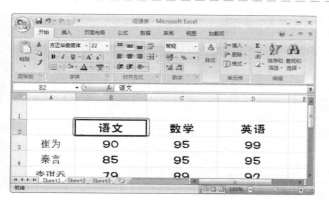

图 11-47

02 确定删除

No1 在弹出的【删除】对话框中选中【下方单元格上移】单选框。

No2 单击【确定】按钮 确定 。

03 完成删除

完成以上操作后，即将选中单元格删除，该单元格下方的单元格上移一个单元格。

举一反三

在键盘上按下组合键〈Ctrl〉+〈-〉也可以删除单元格。

11.5.3 合并单元格

合并单元格是将两个或多个的单元格合并为一个的操作，通过合并单元格可以方便工作表编排。下面介绍合并单元格的方法，如图 11-48 ~ 图 11-50 所示。

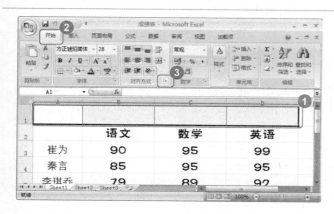

图 11-48

01 选择准备合并单元格

No1 选中准备合并的单元格区域，如"A1：D1"。

No2 选择【开始】选项卡。

No3 在【对齐方式】组中单击【启动器】按钮。

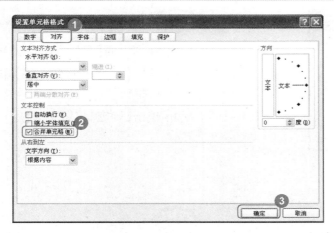

图 11-49

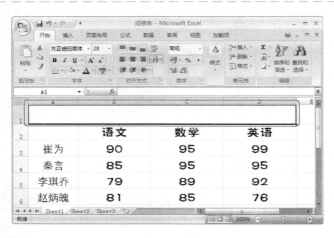

图 11-50

02 选中【合并单元格】复选框

No1 在弹出的【设置单元格格式】对话框中选择【对齐】选项卡。

No2 在【文本控制】区域选中【合并单元格】复选框。

No3 单击【确定】按钮 确定 。

03 完成合并

通过以上操作,即可在 Excel 2007 中将选中单元格区域合并为一个单元格。

 教你一招

快速合并单元格

除了使用【设置单元格格式】对话框合并单元格,还可以使用【合并后居中】按钮 合并单元格,具体合并方法为:选中准备合并的单元格区域,选择【开始】选项卡,单击【对齐方式】组中的【合并后居中】按钮 ,则选定的单元格合并为一个,并且新单元格中的内容居中。

11.5.4 拆分单元格

在 Excel 工作表中的单元格只能拆分已经合并的单元格,而不能将工作表中原有的单元格拆分。下面介绍拆分单元格的方法,如图 11-51 ~ 图 11-53 所示。

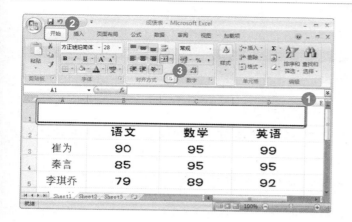

图 11-51

01 选定单元格

No1 选择准备拆分的单元格。

No2 选择【开始】选项卡。

No3 在【对齐方式】组中单击【启动器】按钮。

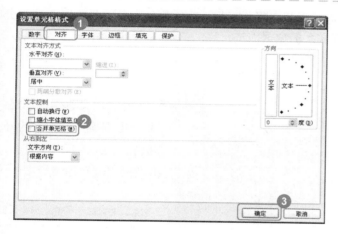

图 11-52

02 拆分单元格

No1 在弹出的【设置单元格格式】对话框中选择【对齐】选项卡。

No2 在【文本控制】区域，取消选中【合并单元格】复选框

No3 单击【确定】按钮 确定。

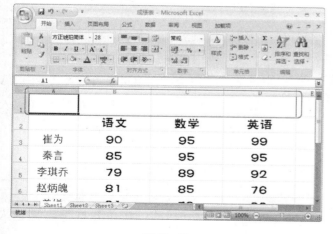

图 11-53

03 完成拆分

选定单元格即被拆分。

举一反三

选定单元格后，选择【开始】选项卡，在【对齐方式】组中单击【合并后居中】按钮，也可以拆分单元格。

Section

11.6　输入数据

本节导读

　　输入数据是在工作表中进行所有操作的基础，在 Excel 单元格中输入的文本包括文字、字母、数字、空格和符号等，在 Excel 单元格中输入文本与在其他应用程序有些不同，本节将介绍在 Excel 工作表中输入数据的操作。

11.6.1　输入数据

　　输入数据是对工作表中的单元格进行的基本操作,是在工作表中进行所有数据处理与分析的基础。对于单独的,互相之间没有联系的数据需进行逐一的输入,下面介绍进行数据输入的具体操作方法,如图 11-54 与图 11-55 所示。

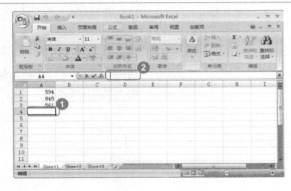

图 11-54

01　选择输入文本的单元格

No 1　选择准备输入文本的单元格。

No 2　将光标定位在编辑栏中。

举一反三

　　可以直接双击单元格将光标定位在单元格内。

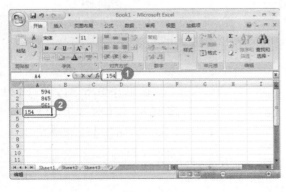

图 11-55

02　输入文本

No 1　在编辑栏中输入文本内容。

No 2　在单元格中即显示处输入的文本内容。

举一反三

　　如果光标是直接定位在单元格内,可以在单元格里直接输入文本。

11.6.2 设置数据格式

在 Excel 单元格中的数据可以显示不同的格式,在默认情况下,输入数据时 Excel 可以根据内容适当的将数据进行格式化。下面介绍设置数据格式的操作方法,如图 11-56 ~ 图 11-58 所示。

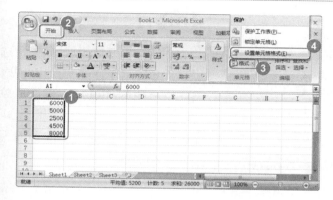

图 11-56

01 选定单元格

No1 选择准备设置单元格区域。

No2 选择【开始】选项卡。

No3 在【单元格】组中单击【格式】按钮 格式 。

No4 在弹出的下拉菜单中选择【设置单元格格式】菜单项。

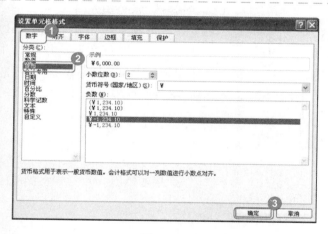

图 11-57

02 设置单元格格式

No1 在弹出的【设置单元格格式】对话框选择【数字】选项卡。

No2 在【分类】下拉列表中选择分类选项,如"货币"。

No3 单击【确定】按钮 确定 。

图 11-58

03 完成设置

完成以上操作后,选定的单元格区域的单元格格式即变为货币格式。

11.6.3 快速填充数据

在 Excel 工作表中输入大量相同数据时不仅工作量比较大,并且大量重复输入容易造成输入错误。下面介绍在不同的单元格中输入大量相同数据的方法,如图 11–59 与图 11–60 所示。

图 11–59

01 选择单元格

No1 选择单元格区域,如果所选单元格不连续,可以在键盘上按下〈Ctrl〉键,再选择单元格。

No2 在编辑栏中输入准备输入的数据。

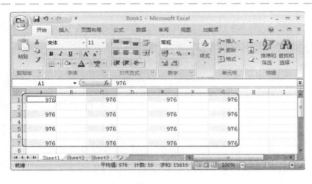

图 11–60

02 拆分单元格

在键盘上按下组合键〈Ctrl〉+〈Enter〉,即可在所选单元格中批量输入大量相同数据。

教你一招

相邻单元格输入相同数据

在行和列相邻的单元格中输入重复数据时,同不相邻的单元格中输入重复数据的方法略有不同,具体操作方法如下:在一个单元格中输入数据,将鼠标放置在该单元格右下角,变为十字形状,单击并拖动鼠标,则所选的行或列中填充入该数据。

11.6.4 设置字符格式

在 Excel 工作表中除了可以设置数据格式,还可以设置字符格式,对字符格式进行设置不仅使字符格式多样化,更加可以起到美化表格的作用。下面介绍设置字符格式的操作方法,如图 11–61 ~ 图 11–63 所示。

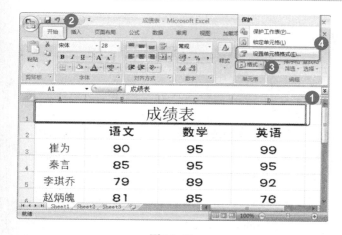

图 11-61

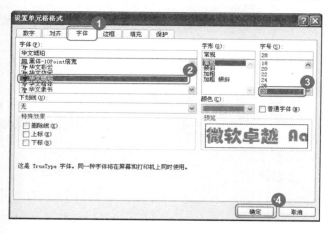

图 11-62

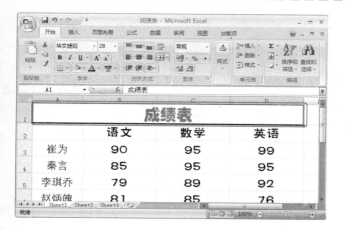

图 11-63

01 打开【设置单元格格式】对话框

No1 选择准备设置格式的单元格区域。

No2 选择【开始】选项卡。

No3 在【单元格】组中,单击【格式】按钮 格式 。

No4 在弹出的下拉列表中,选择【设置单元格格式】选项。

02 设置字体格式

No1 弹出【设置单元格格式】对话框,选择【字体】选项卡。

No2 在【字体】下拉列表框中选择字体。

No3 在【字号】下拉列表框中选择字号。

No4 单击【确定】按钮 确定

03 设置成功

通过以上操作即将单元格中的字体设置成功。

 举一反三

在键盘上按下组合键〈Ctrl〉+〈Shift〉+〈F〉可以直接打开【设置单元格格式】对话框。

Section

11.7 打印 Excel 表格

本节导读

制作 Excel 表格的重要操作之一是打印 Excel 表格。 对于打印 Excel 表格的需要各不相同, 因此在打印表格前须进行一定的相关设置, 才可以打印出合适的表格。 本节将介绍打印 Excel 表格的相关操作方法。

11.7.1 设置打印区域

在一张工作表中出现不止一张表格的情况下,或在两张或以上的表格在同一工作表中时,如果只打印其中的一张或几张表格时,可以在该工作表中设置打印区域。下面介绍设置打印区域的操作方法,如图 11–64 与图 11–65 所示。

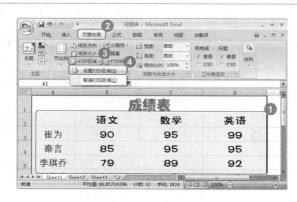

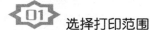

图 11–64

01 选择打印范围

No1 在工作表中选择准备设置的表格区域范围。

No2 选择【页面设置】选项卡。

No3 在【页面设置】组中,单击【打印区域】按钮。

No4 在弹出的下拉列表中选择【设置打印区域】选项。

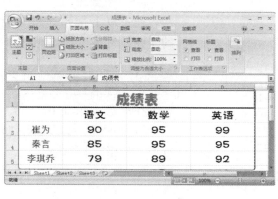

图 11–65

02 设置打印区域

完成以上设置操作后,即在选定的表格外框出现划定范围的虚线框,完成打印区域设置。

11.7.2 打印预览

在对工作表进行打印前，在工作表工作状态下无法查看打印效果，使用打印预览功能解决了该问题。下面介绍打印预览操作方法，如图11-66与图11-67所示。

图 11-66

01 打开打印预览

No1 单击【Office】按钮。

No2 在弹出的文件菜单中选择【打印】菜单项。

No3 在弹出的子菜单中选择【打印预览】子菜单项。

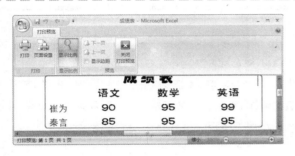

图 11-67

02 查看打印预览

查看工作表的打印状态。

举一反三

在键盘上按下组合键〈Ctrl〉+〈F2〉进入打印预览。

11.7.3 打印工作表

打印工作表可以将设置完打印区域的工作表进行输出，下面介绍打印工作表的操作，如图11-68与图11-69所示。

图 11-68

01 打开【打印内容】对话框

No1 单击【Office】按钮。

No2 在弹出的文件菜单中选择【打印】菜单项。

No3 在弹出的子菜单中选择【打印】子菜单项。

图 11-69

☒02☒ **确认打印**

No1	弹出【打印内容】对话框，在【打印机】区域的【名称】下拉列表框中选择打印机。
No2	在【份数】区域的【打印份数】微调框中输入份数。
No3	单击【确定】按钮 确定

Section
11.8
实践案例

☆节导读

　　在进行 Excel 操作时，常会用到许多基本操作方法，熟练掌握基本操作方法可以在应用 Excel 2007 时提高操作速度。本节将以重命名工作表和隐藏或显示工作簿两个实践案例介绍 Excel 2007 的一些基本操作方法。

11.8.1 重命名工作表

　　在工作簿中默认的三个工作表名称分别是"Sheet1"、"Sheet2"和"Sheet3"，新建的工作表名称将继续以上名称排列。重命名工作表名称可以使每个单元格之间进行区分，下面介绍重命名工作表的操作方法，如图 11-71 与图 11-72 所示。

| 素材文件 | 配套素材\第 11 章\素材文件\重命名工作表 . xlsx |
| 效果文件 | 配套素材\第 11 章\效果文件\重命名工作表 . xlsx |

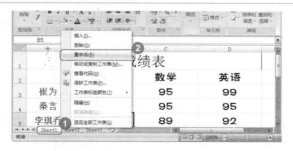

图 11-70

☒01☒ **选择重命名的工作表**

| No1 | 选择准备重命名的工作表的标签。 |
| No2 | 单击鼠标右键，在弹出的快捷菜单中选择【重命名】菜单项。 |

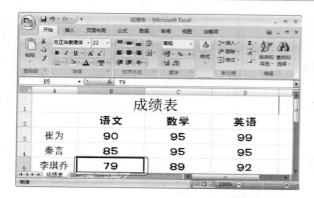

图 11-71

02 重命名工作表

工作表的标签变为可编辑状态,输入工作表的名称,在键盘上按下〈Enter〉键,则完成重命名工作表。

11.8.2 隐藏或显示工作簿

在 Excel 2007 中为了操作方便,可以将当前工作簿进行隐藏或显示,下面介绍隐藏或显示工作簿的操作方法,如图 11-72 ~ 图 11-75 所示。

| 素材文件 | 配套素材\第 11 章\素材文件\隐藏或显示工作表 . xlsx |
| 效果文件 | 配套素材\第 11 章\效果文件\隐藏或显示工作表 . xlsx |

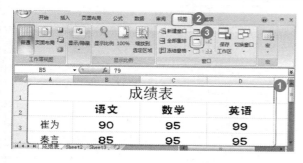

图 11-72

01 隐藏文件

No1 打开准备隐藏的工作簿。

No2 选择【视图】选项卡。

No3 在【窗口】组中,单击【隐藏窗口】按钮□。

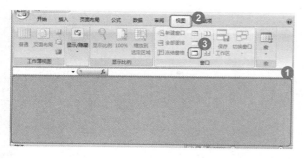

图 11-73

02 打开【取消隐藏】对话框

No1 当前工作簿被隐藏。

No2 选择【视图】选项卡。

No3 在窗口组中,单击【取消隐藏窗口】按钮□。

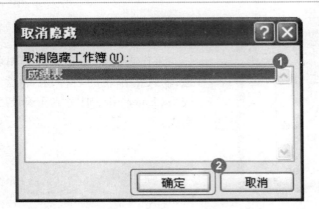

图 11-74

图 11-75

03 选择取消隐藏的工作簿

No1 弹出【取消隐藏】对话框。

No2 在【取消隐藏工作簿】下拉框中选择取消隐藏的工作簿名称。

No3 单击【确定】按钮 确定 。

04 显示工作簿

在工作区中显示出被隐藏的工作簿。

📖 **读书笔记**

第 12 章

美化 Excel 表格

本章内容导读

在掌握了 Excel 的基本操作后，本章讲解 Excel 的较高级操作，主要介绍美化 Excel 表格、在 Excel 表格中计算数据和使用函数，根据实际需要讲解管理表格数据的应用和在表格中插入对象的操作，并结合实际应用介绍 Excel 应用过程中的实践案例。通过本章的学习可以进一步掌握 Excel 的操作方法，掌握 Excel 美化方法，为在实际应用过程中熟练操作 Excel 打下良好的基础。

本章知识要点

- ☑ 美化 Excel 表格
- ☑ 添加表格边框和底纹
- ☑ 利用公式计算表格数据
- ☑ 插入函数
- ☑ 管理表格中的数据
- ☑ 在表格中使用对象

Section
12.1 设置表格格式

将数据输入 Excel 工作表中后，工作表中的单元格默认为没有任何格式，通过设置表格格式，添加上表格的边框和底纹，可以使表格达到视觉上美观，查看方便的目的。本节将介绍设置表格格式的具体方法。

12.1.1 设置边框

Excel 工作表中的表格在默认情况下没有边框，当进行打印或查看时不仅不方便而且不美观。添加表格的边框，并设置边框格式，可以使表格更加具有可视性。下面介绍设置表格边框的方法，如图 12-1 ~ 图 12-4 所示。

图 12-1

01 打开【设置单元格格式】对话框

No1 选择准备设置边框的单元格区域。

No2 选择【开始】选项卡。

No3 在【字体】组中单击按钮右侧下拉箭头，在下拉菜单中选择【其他边框】子项。

图 12-2

02 设置外边框样式

No1 弹出【设置单元格格式】对话框，选择【边框】选项卡。

No2 在【线条】区域中的【样式】列表框中选择外边框样式。

No3 在【预置】区域中，单击【外边框】按钮。

No4 单击【确定】按钮。

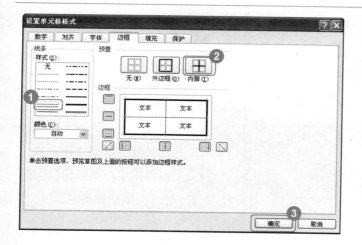

图 12-3

图 12-4

03 设置内部边框样式

No1 在【线条】区域中的【样式】列表框中选择内部边框样式。

No2 在【预置】区域中,单击【内部】按钮田。

No3 单击【确定】按钮[确定]。

04 完成设置

完成以上操作后,即可将选定的单元格区域设置为指定的边框。

 教你一招

使用浮动工具栏设置边框

除了使用功能区中的按钮打开【设置单元格格式】对话框,还可以使用浮动工具栏设置表格边框,具体方法如下:选择准备添加边框的单元格区域,单击鼠标右键,在弹出的浮动工具栏中,单击【其他边框】按钮田右侧的下拉箭头,在弹出的下拉列表中选择【其他边框】选项,弹出【设置单元格格式】对话框,对表格的边框进行设置。

12.1.2 设置底纹

将 Excel 工作表中的表格添加上底纹并设置底纹效果,是美化 Excel 表格的重要手段之一。最常见的设置底纹方式是添加底纹颜色,下面介绍设置底纹颜色的方法,如图 12-5 与图 12-6 所示。

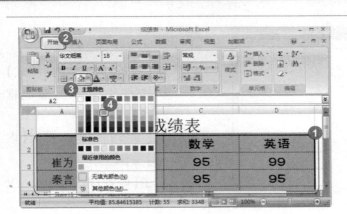

图 12-5

01 选择颜色

No1 选择准备设置边框的单元格区域。

No2 选择【开始】选项卡。

No3 在【字体】组中单击【填充颜色】按钮的下拉箭头。

No4 在弹出下拉菜单的【主题颜色】区域选择颜色。

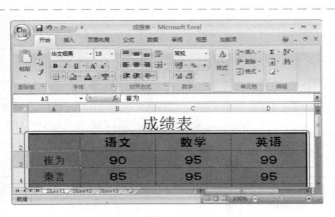

图 12-6

02 完成设置

通过以上操作,选定的单元格区域被设定为预定颜色。

举一反三

选择【页面布局】选项卡,在【页面设置】组中单击【背景】按钮,可选图片作为背景底纹。

12.1.3 自动套用格式

Excel 2007 中带有大量预定义表格格式,使用自动套用格式可以快速定义表格格式。下面介绍自动套用格式的使用,如图 12-7 ~ 图 12-10 所示。

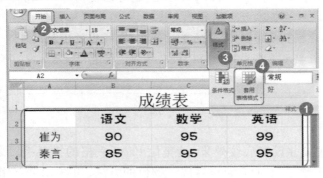

图 12-7

01 打开表样式列表

No1 选择准备设置表样式的单元格区域。

No2 选择【开始】选项卡。

No3 单击【样式】按钮。

No4 在弹出的下拉列表中单击【套用表格格式】按钮。

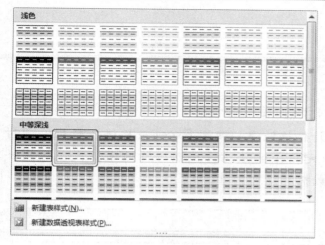

图 12-8

02 选择表样式

在表样式列表中,选择准备添加的表样式。

举一反三

选择【新建表样式】选项,可进行自定义的表样式,并可以添加进列表的【自定义】区域中,方便后续使用。

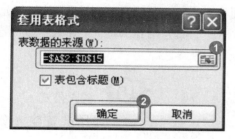

图 12-9

03 选择表数据来源

No1 弹出【套用表格式】对话框,在【表数据的来源】文本框中输入单元格区域范围。

No2 单击【确定】按钮 。

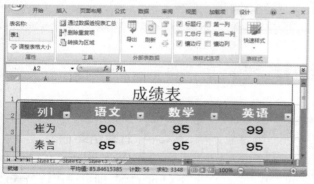

图 12-10

04 完成设置

通过以上操作,在 Excel 2007 中的表格被应用上自动套用的表格样式。

 教你一招

巧用条件格式

条件格式是根据条件使用数据条、色阶和图标集,使用条件格式可以显示相关联数据和异常数据。选择【开始】选项卡,在【样式】组中,单击【条件格式】按钮,即可应用条件格式。

12.2 计算表格数据

Excel 的主要功能之一是进行数据处理，使用 Excel 表格进行数据处理时可以通过输入或设置公式计算单元格中的数据，提高工作效率，优化数据计算结果。 本节将介绍计算表格数据的操作方法。

12.2.1 输入公式

通过使用 Excel 公式可以实现数据处理和数据管理,Excel 中的公式与数学中的公式计算基本一致,Excel 中的公式元素被替换为了单元格等内容,公式可以包括以下的任何元素:运算符、单元格引用位置、数值、工作表函数以及名称。下面介绍在 Excel 工作表中输入公式操作方法,如图 12-11 与图 12-12 所示。

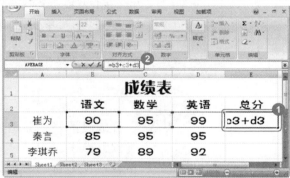

图 12-11

01 输入公式

No1 选择准备输入公式的单元格。

No2 在编辑框中输入" = "和公式。

图 12-12

02 计算结果

输入公式结束后,在键盘上按下〈Enter〉键,即可应用该公式。

 举一反三

将鼠标定位在公式所在单元格右下角,单击并拖动,即可在其他单元格应用该公式,称为自动填充。

12.2.2　复制公式

在一个单元格中应用公式后,可以将该公式复制到其他类似单元格中,方便输入和操作。下面介绍复制公式的操作技巧,如图 12-13 ~ 图 12-15 所示。

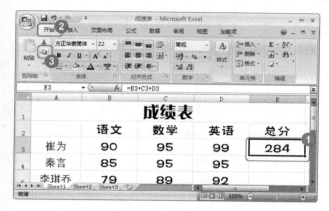

图 12-13

01 复制公式

No1 选择公式所在单元格。

No2 选择【开始】选项卡。

No3 在【剪贴板】组中单击【复制】按钮 。

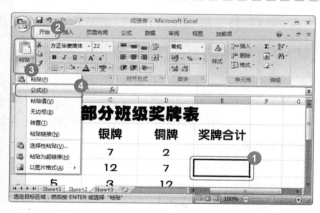

图 12-14

02 粘贴公式

No1 选择准备粘贴公式的单元格。

No2 选择【开始】选项卡。

No3 在【剪贴板】组中单击【粘贴】 按钮下部。

No4 在弹出的下拉菜单中选择【公式】选项。

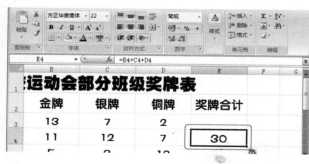

图 12-15

03 应用公式

完成以上操作后,在 Excel 2007 中选定公式即被复制到指定单元格中。

使用函数

本节导读

　　Excel 中的函数是指一些预定义的公式，其使用一些参数值按特定的顺序或结构进行计算。 函数作为 Excel 2007 中的重要命令，功能十分强大，在日常工作实践中发挥了重要作用。 本节将介绍在 Excel 2007 中使用公式的基本操作方法。

12.3.1　单元格引用

　　单元格引用是 Excel 中的专业术语，是显示单元格在 Excel 表格中位置的标示，下面介绍单元格引用的相关知识和操作。

1. A1 引用样式

　　在 Excel 表格中，A1 引用为 Excel 中的默认样式而且比较常用。工作表是由 256 列与 65536 行组成，列是由字母标示出来的（从 A 到 IV），行是由阿拉伯数字标示出来的。A1 引用样式标示位置时，A 与 1 分别代表表格的行号与列号，在 Excel 的名称栏中显示单元格名称。

2. R1C1 引用样式

　　在 R1C1 引用样式中，R 是 row 的缩写表示行，C 是 column 的缩写表示列。在 Excel 中 R1C1 引用样式使用"R"加行数字和"C"加列数字表示，R1C1 与 A1 表示的位置相同均代表第一行第一列。由于 A1 引用样式为 Excel 表格中的默认引用样式，如果使用 R1C1 引用样式需进行相关的设置。下面介绍设置 R1C1 样式的操作方法，如图 12-16 ~ 图 12-18 所示。

图 12-16

01　打开【Excel 选项】对话框

No1　在 Excel 左上角单击【Office】按钮 。

No2　在弹出的文件菜单中单击【Excel 选项】按钮 。

图 12-17

02 使用 R1C1 引用样式

No1 弹出【Excel 选项】对话框，选择【公式】选项。

No2 在【使用公式】区域中选中【R1C1 引用样式】复选框。

No3 单击【确定】按钮 确定 。

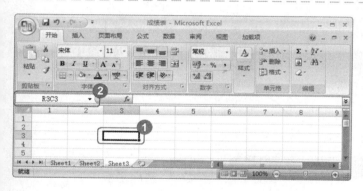

图 12-18

03 完成设置

No1 在工作表中选择单元格。

No2 在名称栏中即显示该单元格的名称，如"R3C3"。

3. 相对引用

相对引用是指单元格或单元格区域中相对于包含的单元格的相对位置。复制相对引用单元格中的公式时，地址发生变化，如 C1 单元格的公式为 = A1 + B1，则将该公式复制到 C2 单元格时变为 = A2 + B2。

4. 绝对引用

绝对引用是固定的引用单元格或单元格区域。复制绝对引用单元格或单元格中公式时，保持原有单元格内容，如 C1 单元格的公式为 = \$A\$1 + \$B\$1，则将该公式复制到 C2 单元格时仍为 = \$A\$1 + \$B\$1。

相对引用与绝对引用相互装换

相对引用与绝对引用之间可以进行相互转换,具体方法为:选择准备转换的单元格,在编辑栏中选择准备转换的引用,在键盘上按下〈F4〉键。

12.3.2 插入函数

Excel 函数即是预先定义,执行计算和分析等处理数据任务的特殊公式,下面介绍插入函数的操作方法,如图 12-19 ~ 图 12-22 所示。

图 12-19

01 打开【插入函数】对话框

No1 选中准备插入公式的单元格。

No2 选择【公式】选项卡。

No3 在【函数库】组中,单击【插入函数】按钮 *fx*。

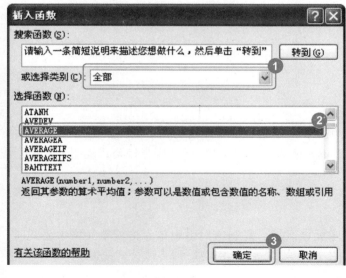

图 12-20

02 选择函数

No1 弹出【插入函数】对话框,在【或选择类别】下拉列表框中选择函数类别。

No2 在【选择函数】列表中选择函数。

No3 单击【确定】按钮。

举一反三

在键盘上按下组合键〈Shift〉+〈F3〉可打开该对话框。

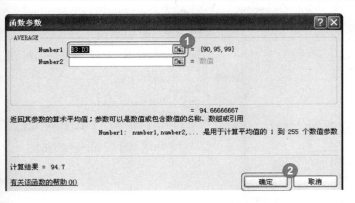

图 12-21

03 设置计算范围

No1 弹出【函数参数】对话框，在【Number1】文本框中输入准备计算的单元格范围。

No2 单击【确定】按钮 确定 。

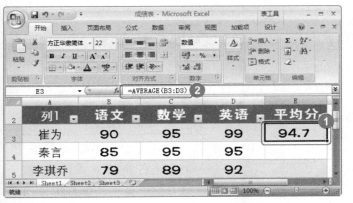

图 12-22

04 完成函数输入

No1 在单元格中显示出输入公式的计算结果。

No2 在编辑栏中显示输入的函数。

 教你一招

搜索函数

当应用函数公式时，有些函数的具体名称不能确定，此时如果需要使用该类函数，可以使用搜索函数功能搜索函数，具体操作方法如下：单击【插入函数】按钮 f_x，弹出【插入函数】对话框，在【搜索函数】文本框中，输入关于该公式的简单描述，单击【转到】按钮 转到(G) ，则在【选择函数】下拉列表中出现相关函数公式。

12.3.3 常见函数快速计算

在 Excel 2007 中提供了常见的求和、求平均值和求最大值等计算公式，如求和公式是在所选单元格右侧或下方显示所选单元格的和。下面介绍求和公式的快速应用方法，如图 12-23 与图 12-24 所示。

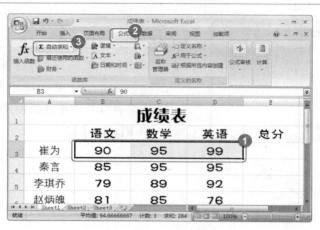

图 12-23

01 自动求和

No1 选择准备求和的单元格区域。

No2 选择【公式】选项卡。

No3 在【函数库】组中单击【自动求和】按钮 Σ 自动求和 ·。

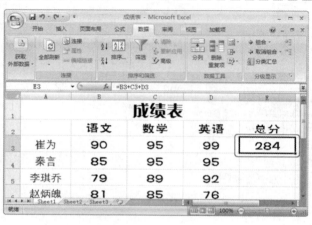

图 12-24

02 完成求和

通过以上操作,即可在目标单元格中完成求和操作。

举一反三

单击【自动求和】按钮 右侧的下拉箭头,在下拉列表中可显示其他常用公式。

Section
12.4 管理表格数据

本节导读

使用 Excel 的最常用功能是进行数据处理,在进行数据处理时可以通过管理表格中的数据优化,使表格中的数据显示更加明晰。本节中将介绍几种管理表格数据的操作方法。

12.4.1 排序数据

排序数据是 Excel 表格中的常用命令,其将工作表中的数据按照一定内容排序,优化工作表。下面介绍排序数据的操作,如图 12-25 ~ 图 12-27 所示。

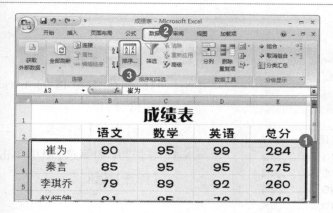

图 12-25

01 打开【排序】对话框

No1 打开准备排序的单元格区域。

No2 选择【数据】选项卡。

No3 在【排序和筛选】组中单击【排序】按钮。

图 12-26

02 选择排序内容

No1 弹出【排序】对话框,在【主要关键字】下拉列表选择关键字。

No2 单击【确定】按钮 。

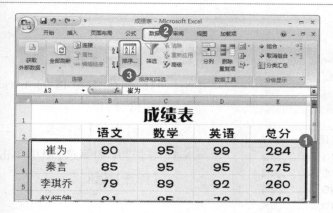

图 12-27

03 完成排序

将以上操作完成后,即将工作表中的数据完成从小到大排序。

举一反三

通过降序排序可以将数据进行从大到小排列。

12.4.2 筛选数据

筛选数据功能包括自动筛选和高级筛选,使用自动筛选时可以将不符合要求的数据进行暂时隐藏,只显示符合筛选要求的数据。一般情况下,使用自动筛选功能即可满足日常工作需要,但是如果需要较高要求的筛选,则必须使用高级筛选。下面介绍自动筛选功能,如图 12-28 ~ 图 12-31 所示。

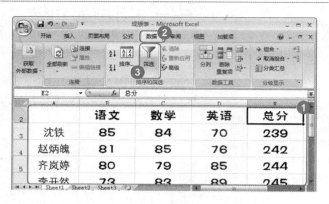

图 12-28

01 添加筛选箭头

No1 打开准备筛选的 Exce 表格。

No2 选择【数据】选项卡。

No3 在【排序和筛选】组中单击 【筛选】按钮。

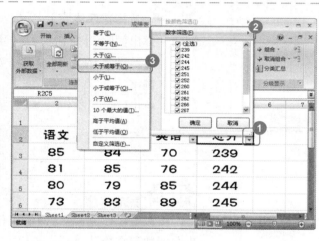

图 12-29

02 打开【自定义筛选方式】 对话框

No1 单击单元格右下角的筛选 箭头。

No2 在弹出的下拉列表中选择 【数字筛选】选项。

No3 在弹出的子列表中选择【大 于或等于】选项。

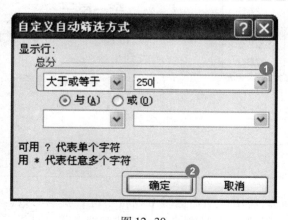

图 12-30

03 设置筛选范围

No1 弹出【自定义自动筛选方 式】对话框,在【总分】区域 设置筛选范围。

No2 单击【确定】按钮。

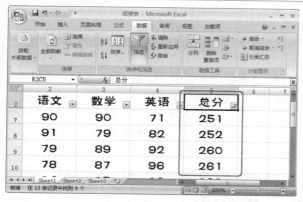

图 12-31

04 **完成筛选**

将以上操作完成后,即将工作表中指定列中的数值按条件筛选,不符合条件的数据被暂时隐藏。

Section

12.5 使用对象

本节导读

Excel 2007 除了可以进行数据处理,还可以在 Excel 表格中添加对象起到丰富表格,美化表格的作用,在 Excel 表格中可使用的对象包括图形、图片和 SmartArt 图形等。 本节将介绍在 Excel 表格中使用对象。

12.5.1 插入图形

图形是 Excel 中的自带形状,包括矩形、圆、箭头、标示和流程图等,插入图形可以强调表格中的重点,突出表格内容。下面将介绍在 Excel 表格中插入图形的操作方法,如图 12-32 ~ 图 12-35 所示。

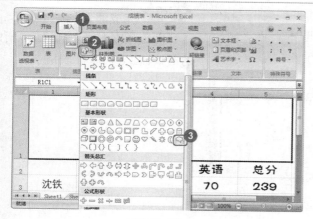

图 12-32

01 **选择图形**

No1 选择【插入】选项卡。

No2 在【插图】组中单击【形状】按钮 ⃞▾。

No3 在弹出的下拉列表中选择准备插入的图形。

图 12-33

02 插入图形

No1 在准备插入图形的位置单击。

No2 单击并拖动图形周围的控制点调整图形大小。

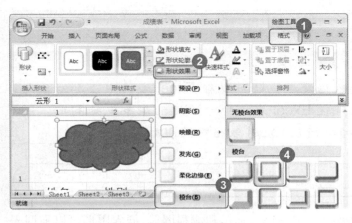

图 12-34

03 设置图形样式

No1 选择【格式】选项卡。

No2 在【形状样式】组中单击【形状效果】按钮 形状效果 。

No3 在弹出的下拉菜单中选择【棱台】选项。

No4 在弹出的子菜单中选择不同效果。

图 12-35

04 完成插入

进行完以上操作后,即将预定的形状插入到 Excel 表格中。

12.5.2 插入图片

插入图片是插入来自文件的图片,根据表格内容选择合适的图片,可以增加表格可视性。下面介绍插入图片的操作方法,如图 12-36 ~ 图 12-38 所示。

图 12-36

01 打开【插入图片】对话框

No1 选择【插入】选项卡。

No2 在【插图】组中单击【图片】按钮。

图 12-37

02 选择图片

No1 在【查找范围】下拉列表选择图片所在位置。

No2 选择需要插入的图片。

No3 单击【插入】按钮。

图 12-38

03 完成插入图片

通过以上操作,图片即被插入到表格中。

举一反三

选择【格式】选项卡,使用工具栏可对插入的图片进行设置和简单的处理。

设置图片

使用图片工具可以对图片进行相关处理,如使用【调整】组中的命令可以对图片的亮度和对比度等进行调整,使用【图片样式】组中的命令可以对图片的形状和效果等进行设置,在【大小】组中可对图片的尺寸进行调整。

12.5.3 插入剪贴画

剪贴画一般是格式为 WMF 的矢量图,矢量图可以任意缩放不变形,并且由于矢量图由不同的部分组成,对剪贴画进行选择后,可以对剪贴画的各个部分进行修改。通过添加 Excel 中自带剪贴画文件,可以展示特定意义。下面介绍在 Excel 中添加剪贴画的操作方法,如图12-39 ~ 图 12-41 所示。

图 12-39

01 打开【剪贴画】任务窗格

No1 选择【插入】选项卡。

No2 在【插图】组中单击【剪贴画】按钮。

No3 在工作区的右侧打开【剪贴画】任务窗格。

图 12-40

02 选择剪贴画

No1 在【搜索文字】文本框中输入准备搜索的关键字。

No2 单击【搜索】按钮。

No3 选择合适剪贴画,单击该剪贴画的缩略图。

图 12-41

03 完成插入剪贴画

完成以上操作后，即可将选择的剪贴画插入到 Excel 表格中。

12.5.4 插入 SmartArt 图形

SmartArt 图形工具是 Excel 2007 中新添加的工具，插入 SmartArt 图形可以使表格的层次更加分明。SmartArt 图形主要用于流程图演示、显示内容之间关系和显示循环结构等。下面讲解在 Excel 中插入 SmartArt 图形的方法，如图 12-42 ~ 图 12-46 所示。

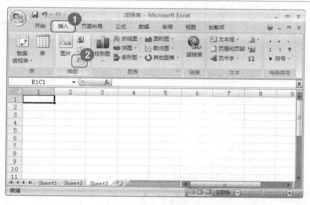

图 12-42

01 打开对话框

No 1 选择【插入】选项卡。

No 2 在【插图】组中单击【插入 SmartArt 图形】按钮。

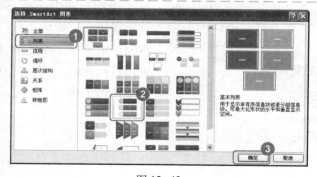

图 12-43

02 选择 SmartArt 图形

No 1 弹出【选择 SmartArt 图形】对话框，选择 SmartArt 图形类别。

No 2 选择 SmartArt 图形。

No 3 单击【确定】按钮 确定 。

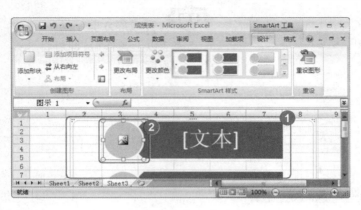

图 12-44

03 编辑 SmartArt 图形

No1 在 Excel 表格中插入 Smart-Art 图形。

No2 在 SmartArt 图形中单击【图片】按钮。

图 12-45

04 选择图片

No1 在【查找范围】下拉列表框中选择储存文件位置。

No2 选择图片。

No3 单击【插入】按钮 插入(S)。

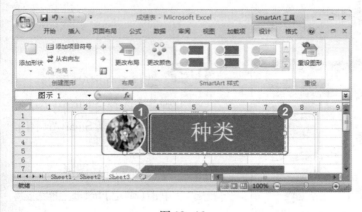

图 12-46

05 完成插入

No1 插入图片后即可显示该图片效果。

No2 将鼠标定位在文本框中,即可进行内容输入,即可完成文本编辑工作。

修改 SmartArt 图形

将 SmartArt 图形插入到 Excel 表格中后,如果对图形不满意可以对图形进行修改。由于 SmartArt 是由图形和文字组成,对文字和子图形均可以进行修改,也可以对 SmartArt 图形进行设置和修改,此外,还可以对 SmartArt 图形进行效果设置。

Section

12.6 实践案例

在 Excel 的操作实践中最常使用的功能是数据处理功能,通过强大的数据处理功能,可以在实践操作中大大提高工作效率,优化工作结果。本节将介绍在实际工作中遇到的数据处理案例。

12.6.1 分类汇总

一般而言,制作数据工作表的目的之一是向用户提供明晰的数据以及数据分类总结。报表是用户最常用的形式,通过概括与摘录的方法可以得到清楚与有条理的报告。分类汇总可以满足 Excel 表格中的多种数据处理需要,是统计中常用到的命令,可以对数据进行归类和分析。在使用分类汇总功能时常常根据不同需要,配合使用 Excel 2007 中的不同功能,下面介绍使用排序命令配和分类汇总命令完成学生成绩统计与比较的功能,如图 12-47 ~ 图 12-50 所示。

| 素材文件 | 配套素材\第 12 章\素材文件\分类汇总 . xlsx |
| 效果文件 | 配套素材\第 12 章\效果文件\分类汇总 . xlsx |

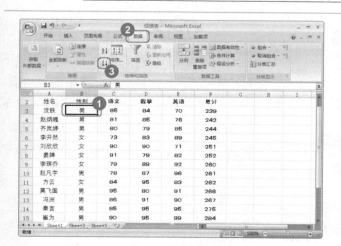

图 12-47

01 排序

No 1 选择准备排序列中的任意单元格。

No 2 选择【数据】选项卡。

No 3 在【排序和筛选】组中单击【降序】按钮。

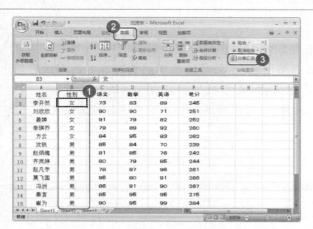

图 12-48

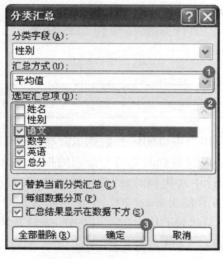

图 12-49

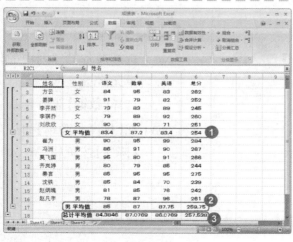

图 12-50

02 打开【分类汇总】对话框

No1 选择的列即按照顺序排列。

No2 选择【数据】选项卡。

No3 在【分级显示】组中单击
【分类汇总】按钮 分类汇总 。

03 设置选项

No1 弹出【分类汇总】对话框,
在【汇总方式】下拉列表中
选择【平均值】选项。

No2 在【选定汇总项】选框中,
选择【语文】、【数学】、【英
语】和【总分】复选框。

No3 单击【确定】按钮 确定 。

04 完成汇总

No1 在列表性别为女的分类下
方显示该分类中的平均值。

No2 在列表性别为男的分类下
方显示该分类中的平均值。

No3 在表格结尾处显示总计平
均值。

12.6.2 插入图表

在 Excel 中除了可以输入数据,还可以通过这些数据制作图表,图表中显示出的内容可以更加直观地被用户接受。下面介绍插入图表的方法,如图 12-51 ~ 图 12-54 所示。

素材文件	配套素材\第 12 章\素材文件\插入图表 . xlsx
效果文件	配套素材\第 12 章\效果文件\插入图表 . xlsx

图 12-51

01 打开【插入图表】对话框

No1 选择插入表格所需数据。

No2 选择【插入】选项卡。

No3 在【图表】组中,单击【启动器】按钮。

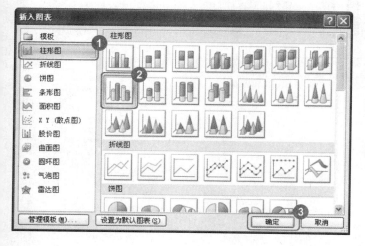

图 12-52

02 选择图表

No1 弹出【插入图表】对话框,选择【柱形图】选项。

No2 在【柱形图】区域选择准备插入的图表。

No3 单击【确定】按钮 确定 。

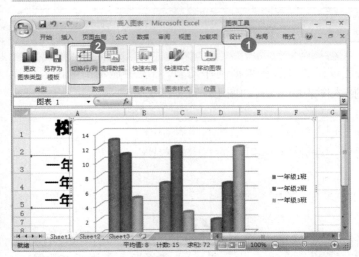

图 12-53

03 切换行/列

No1 选择【设计】选项卡。

No2 在【数据】组中单击【切换行/列】按钮 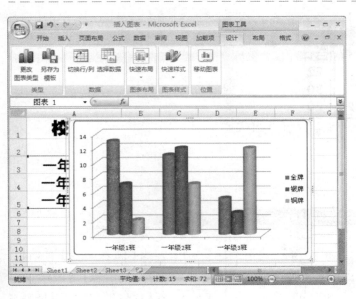。

图 12-54

04 完成插入

完成以上操作后，即可将数据图表插入到 Excel 工作表中。

第 13 章

初步掌握

PowerPoint 2007

本章内容导读

本章主要介绍 PowerPoint 2007 的界面、基本操作方法和基本技巧,另外还讲解了对演示文稿的编辑以及设置操作。本章末为方便实际操作并掌握更多的操作技巧,还介绍了实际操作案例。通过本章的学习,可以了解 PowerPoint 2007 的基本操作和功能。另外,还可以掌握 PowerPoint 2007 的编辑方法,为进一步学习 PowerPoint 2007 的知识打下良好的基础。

本章知识要点

- ☑ 认识 PowerPoint 2007
- ☑ 启动和退出 PowerPoint 2007
- ☑ PowerPoint 2007 的基本操作
- ☑ 对幻灯片的操作
- ☑ 输入文本
- ☑ 设置格式
- ☑ 打印演示文稿

13. 1   初识 PowerPoint 2007

本节导读

PowerPoint 简称 PPT，是 Office 软件系列的重要组件之一，是一款功能强大的演示文稿制作软件。PowerPoint 2007 比以前版本的 PowerPoint 在功能及外观上有了较大的改变，本章将主要介绍 PowerPoint 2007 功能界面。

13. 1. 1   启动 PowerPoint 2007

在 Windows XP 操作系统中，可以选择多种方式启动 PowerPoint 2007，下面将介绍启动 PowerPoint 2007 的操作方法。

1. 通过开始菜单启动 PowerPoint 2007

安装 Microsoft Office 后，Microsoft Office PowerPoint 2007 命令即存放在开始菜单中，使用开始菜单可以启动 PowerPoint 2007。在 Windows XP 系统桌面上单击【开始】按钮 [开始]，选择【所有程序】→【Microsoft Office】→【Microsoft Office PowerPoint 2007】菜单项，即可启动并进入 PowerPoint 2007 的工作界面，如图 13-1 所示。

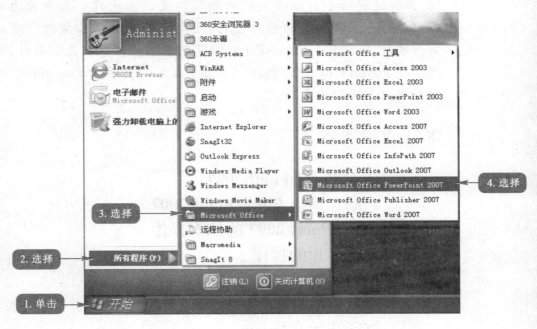

图 13-1

2. 使用快捷方式启动 PowerPoint 2007

完成 Microsoft Office 2007 的安装后,安装程序在 Windows XP 操作系统桌面上自动创建一个 PowerPoint 2007 的快捷方式图标。在 Windows XP 操作系统桌面中双击【Microsoft Office PowerPoint 2007】快捷方式图标,即可启动 PowerPoint 2007 的工作界面,如图 13-2 所示。

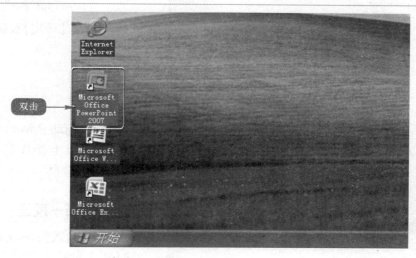

图 13-2

 教你一招

创建快捷方式图标

通常情况下,Windows XP 操作系统的桌面上显示 PowerPoint 2007 的快捷方式,如果桌面上没有快捷方式,可以通过如下方法创建:单击桌面【开始】按钮,选择【所有程序】→【Microsoft Office】菜单项,用鼠标右键单击【Microsoft Office PowerPoint 2007】菜单项,在弹出的快捷菜单中选择【发送到】→【桌面快捷方式】菜单项即可。

3. 使用【运行】命令启动 PowerPoint 2007

开始菜单中的【运行】命令是通向程序的快捷途径,输入特定命令后,即可打开大部分的程序,下面具体介绍其操作方法,如图 13-3 ~ 图 13-5 所示。

图 13-3

01 打开【运行】窗口

No 1 在 Windows XP 操作界面左下角单击【开始】按钮。

No 2 在弹出的开始菜单中选择【运行】菜单项。

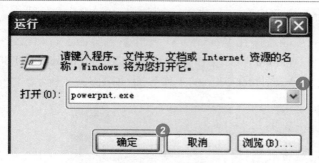

图 13-4

02 运行命令

No1 弹出【运行】对话框,在【打开】文本框中输入命令,如"powerpnt. exe"。

No2 单击【确定】按钮。

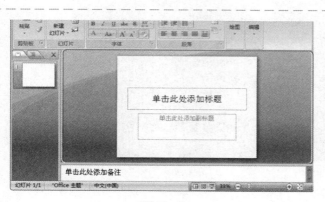

图 13-5

03 启动 PowerPoint 2007

完成以上操作后,即可启动 PowerPoint 2007。

举一反三

直接输入"powerpnt"命令,单击【确定】按钮，也可启动 PowerPoint。

13.1.2 退出 PowerPoint 2007

可以分别通过多种方式退出 PowerPoint 2007,下面分别介绍退出 PowerPoint 2007 的方法。

1. 直接退出

将文件进行保存后,可以通过单击【关闭】按钮,直接退出 PowerPoint 2007,如图 13-6 所示。

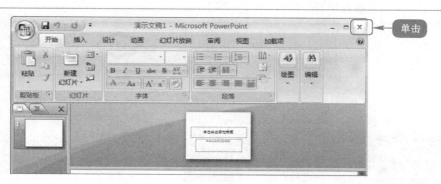

图 13-6

2. 通过【Office】按钮退出

PowerPoint 2007 新添加了【Office】按钮 ，通过 PowerPoint 2007 的【Office】按钮同样可以完成退出 PowerPoint 2007 的操作。单击 PowerPoint 2007 工作界面左上角的按钮 ，在弹出的文件菜单中单击按钮 ，即可完成退出 PowerPoint 2007 的操作，如图 13-7 所示。

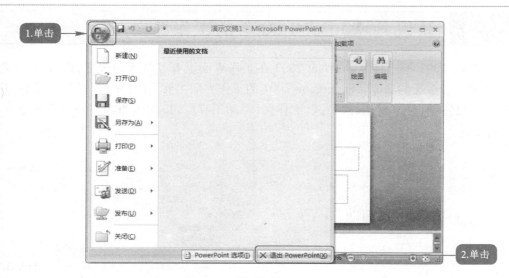

图 13-7

3. 通过标题栏退出

除了使用上述方法外，还可以使用标题栏退出 PowerPoint 2007。用鼠标右键单击 Power-Point 2007 的标题栏，在弹出的快捷菜单中选择【关闭】菜单项，即可退出 PowerPoint 2007，如图 13-8 所示。

图 13-8

教你一招

使用组合键退出 PowerPoint 2007

使用组合键退出 PowerPoint 2007 的方法：在键盘上按组合键〈Alt〉+〈F4〉可直接退出 PowerPoint 2007。

13.1.3　认识 PowerPoint 2007 的工作界面

PowerPoint 2007 相比较 PowerPoint 2003 在工作界面上有了较大的改变,此外 PowerPoint 2007 还添加了较多新的功能。PowerPoint 2007 的工作界面主要是由【快速访问】工具栏、标题栏、【Office】按钮⚫、任务窗格、大纲区、工作区、浮动工具栏、备注区和状态栏等部分组成,如图 13-9 所示。

图 13-9

1. 快速访问工具栏

PowerPoint 2007 将常用命令,如保存、撤销和新建等添加至【快速访问】工具栏,使用【快速访问】工具栏可以快速应用其中的命令,而不需再查找该类命令。

2. 标题栏

标题栏位于 PowerPoint 2007 工作界面的最上方,显示当前文档的名称,此外,还包括【最小化】按钮、【最大化】按钮/【还原】按钮和【关闭】按钮,如图 13-10 所示。

图 13-10

3.【Office】按钮

【Office】按钮位于 PowerPoint 2007 的左上角,单击【Office】按钮,在弹出的文件菜单中包含新建、打开和保存等命令,在【Office】按钮中包含有一个重要按钮,即【PowerPoint 选项】按钮 PowerPoint 选项(I),通过【PowerPoint 选项】对话框,可以对 PowerPoint 2007 中的功能或参数进行设置,如图 13-11 所示。

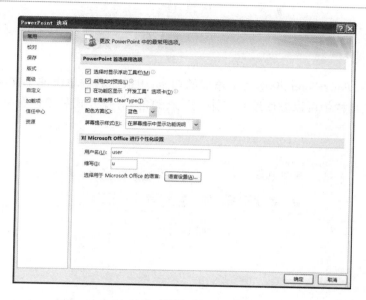

图 13-11

4. 大纲区

在大纲区可以选择【幻灯片】选项卡或【大纲】选项卡,文档以大纲的形式可以显示每张幻灯片中标题和主要内容。

5. 工作区

幻灯片的编辑工作主要在工作区中进行,包括文本的输入,图片、视频和音乐等的添加,每张声色俱佳的演示文稿也均在工作区中显示。

6. 任务窗格

利用任务窗格可以编辑 PowerPoint 的主要任务,通过任务窗格可以为演示文稿插入文本、图片和剪切画等内容。

7. 功能区

PowerPoint 2007 的功能区是由选项卡、组和命令组成的。每个选项卡下分为不同的组,将类似的命令归为同一组别,在功能区中的选项卡分为【开始】、【插入】、【设计】、【动画】、【幻灯片放映】、【审阅】、【视图】和【加载项】等,此外,使用不同工具时还会临时添加上【格式】等选项卡,如图 13-12 所示。

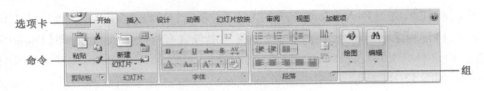

图 13-12

8. 浮动工具栏

浮动工具栏是 PowerPoint 2007 最新添加的功能,用鼠标右键单击演示文稿即可显示浮动工具栏,在浮动工具栏中可以方便地对字体、字号、颜色、对齐方式和项目符号等进行设置,如图 13-13 所示。

图 13-13

9. 状态栏

状态栏位于 PowerPoint 2007 的最下方,通常用来设置和显示演示文稿目前的状态,如图 13-14 所示。

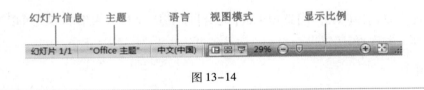

图 13-14

Section

13.2

PowerPoint 2007 的基本操作

本节导读

在利用 PowerPoint 2007 制作演示文稿前,首先需掌握 PowerPoint 2007 的一些基本操作。本节将介绍创建演示文稿、保存演示文稿、关闭演示文稿和打开演示文稿等基本操作。

13.2.1 创建演示文稿

在 PowerPoint 2007 中编辑演示文稿前,需要先创建一个新的演示文稿,创建演示文稿的方法比较多样,在创建时可以根据使用习惯选择不同的方法。下面介绍创建演示文稿的操作方法。

1. 使用【快速访问】工具栏创建演示文稿

使用【快速访问】工具栏可以快速应用使用频率较高的命令,通过快速访问工具栏新建演示文稿是较常用的新建方式,下面介绍使用【快速访问】工具栏新建演示文稿的操作方法,如图 13-15 ~ 图 13-17 所示。

图 13-15

01 添加【新建】按钮

No1 单击【快捷访问】工具栏右侧的下拉箭头。

No2 在弹出的【自定义快速访问工具栏】下拉列表中,选择【新建】选项。

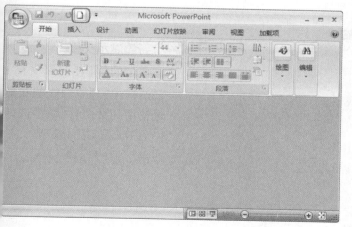

图 13-16

02 新建演示文稿

添加完成后,即将【新建】按钮添加至【快速访问】工具栏,在【快速访问】工具栏中单击【新建】按钮。

图 13-17

03 完成新建

No1 完成以上操作后,即将在 PowerPoint 2007 的工作区添加上新的演示文稿。

No2 在大纲区显示幻灯片的缩略图。

2. 使用【Office】按钮新建演示文稿

单击【Office】按钮打开文件菜单,选择【新建】菜单项可以新建演示文稿。下面介绍使用【Office】按钮新建演示文稿的方法,如图 13-18 ~ 图 13-20 所示。

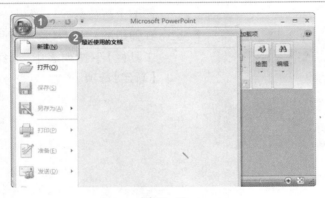

图 13-18

01 打开【新建演示文稿】对话框

No1 在 PowerPoint 2007 的左上角单击【Office】按钮。

No2 在弹出的文件菜单中选择【新建】菜单项。

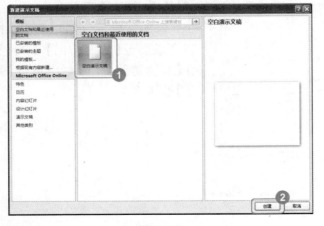

图 13-19

02 新建演示文稿

No1 在弹出的【新建演示文稿】对话框中的【空白文档和最近使用的文档】区域中选择【空白演示文稿】选项。

No2 单击【创建】按钮 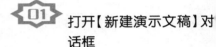。

图 13-20

03 完成新建

No1 完成以上操作后，即将PowerPoint 2007 的工作区添加上新的演示文稿

No2 在大纲区显示幻灯片的缩略图。

教你一招

使用组合键新建 PowerPoint 2007 的演示文稿

除了应用上述方法新建演示文稿，还可以使用组合键新建演示文稿，新建的具体方法如下：在键盘上按下组合键〈Ctrl〉+〈N〉可直接新建 PowerPoint 2007 的演示文稿。

13.2.2 保存演示文稿

在编辑演示文稿期间，需要将演示文稿进行保存，以防止误操作造成演示文稿的丢失，下面介绍保存演示文稿的操作方法。

1. 使用【Office】按钮保存演示文稿

可以使用多种方法保存演示文稿，比较常用的保存操作方法是通过使用【Office】按钮保存演示文稿。下面介绍使用【Office】按钮保存演示文稿的操作方法，如图 13-21 ~ 图13-23所示。

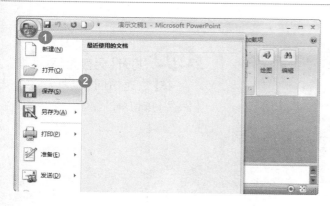

图 13-21

01 打开【另存为】对话框

No1 在 PowerPoint 2007 的左上角单击【Office】按钮。

No2 在弹出的文件菜单中选择【保存】菜单项。

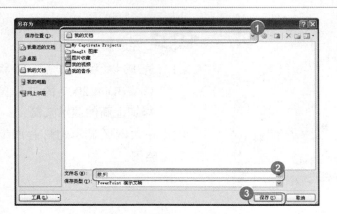

图 13-22

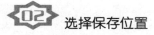

02 选择保存位置

No1 弹出【另存为】对话框,在【保存位置】下拉列表框中选择保存演示文稿的位置。

No2 在【文件名】文本框中输入文件名。

No3 单击【保存】按钮。

图 13-23

03 完成保存

No1 完成以上操作后,即将 PowerPoint 2007 的演示文稿保存。

No2 在标题栏中显示演示文稿的名称。

2. 使用【快速访问】工具栏保存演示文稿

使用【快速访问】工具栏中的【保存】按钮,同样可以打开【另存为】对话框,对演示文稿进行保存。下面介绍使用【快速访问】工具栏保存演示文稿的操作方法,如图 13-24 ~ 图 13-26 所示。

图 13-24

01 打开【另存为】对话框

在【快速访问】工具栏中单击【保存】按钮。

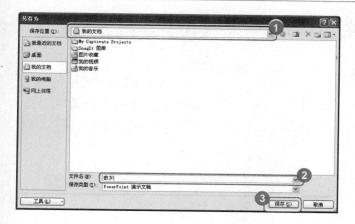

图 13-25

02 选择保存位置

No1 弹出【另存为】对话框,在【保存位置】下拉列表框中选择保存演示文稿的位置。

No2 在【文件名】文本框中输入文件名。

No3 单击【保存】按钮 保存(S)。

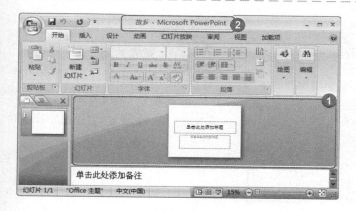

图 13-26

03 完成保存

No1 完成以上操作后,即将PowerPoint 2007 的演示文稿保存。

No2 在标题栏中显示演示文稿的名称。

教你一招

使用组合键保存演示文稿

除了应用上述方法保存演示文稿,还可以使用组合键保存演示文稿,保存的具体方法如下:在键盘上按下组合键〈Ctrl〉+〈S〉,弹出【另存为】对话框,在【保存位置】下拉框中选择保存演示文稿的位置,在【文件名】文本框中输入文件名,单击【保存】按钮 保存(S),即可将演示文稿保存。

13.2.3 关闭演示文稿

对当前工作的演示文稿的编辑工作结束后,即可关闭该演示文稿,结束编辑工作或进行下一演示文稿的编辑工作。下面介绍关闭当前工作演示文稿的操作方法,如图 13-27 与图 13-28 所示。

图 13-27

01 关闭演示文稿

No1 在 PowerPoint 2007 的左上角单击【Office】按钮。

No2 在弹出的下拉菜单中选择【关闭】菜单项。

图 13-28

02 完成关闭

No1 完成以上操作后,即将工作的演示文稿关闭。

No2 在标题栏中只显示 Microsoft PowerPoint。

 教你一招

使用组合键关闭演示文稿

使用组合键同样可以关闭演示文稿,关闭的具体方法如下:在键盘上按下组合键〈Ctrl〉+〈F4〉可直接关闭 PowerPoint 2007 的演示文稿。

13.2.4 打开演示文稿

当准备查看演示文稿时,需要先将该演示文稿打开,打开演示文稿的方法通常有使用【Office】按钮和使用【快速访问】工具栏两种方法,下面分别介绍这两种方法。

1. 使用【Office】按钮打开演示文稿

通过使用【Office】按钮,可以打开【打开】对话框,选择准备打开的演示文稿,即可对该演示文稿进行查看或编辑。下面介绍使用【Office】按钮打开演示文稿的操作方法,如图13-29 ~ 图13-31 所示。

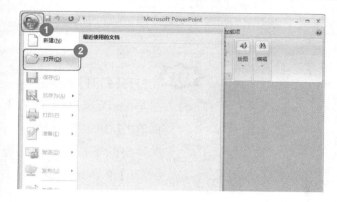

图 13-29

01 打开【打开】对话框

No1 在 PowerPoint 2007 的左上角单击【Office】按钮。

No2 在弹出的文件菜单中选择【打开】菜单项。

图 13-30

02 选择文件

No1 弹出【打开】对话框,在【查找范围】下拉列表框中,选择演示文稿所在位置。

No2 选择文件。

No3 单击【打开】按钮 打开(O)。

图 13-31

03 打开文件

No1 完成上述操作后,即可在 PowerPoint 2007 的工作区打开演示文稿。

No2 标题栏中显示该演示文稿的名称。

2. 使用【快速访问】工具栏打开演示文稿

除了使用【Office】按钮打开演示文稿,还可以通过使用【快速访问】工具栏打开演示文稿。下面讲解【快速访问】工具栏打开演示文稿的操作,如图 13-32 ~ 图 13-35 所示。

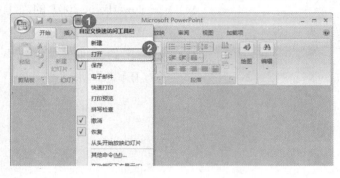

图 13-32

01 打开【打开】对话框

No1 在 PowerPoint 2007 的右上角单击【Office】按钮。

No2 在弹出的下拉菜单中选择【打开】菜单项。

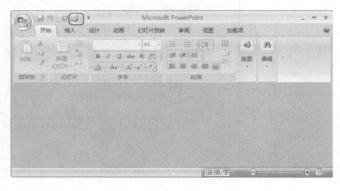

图 13-33

02 打开【打开】对话框

添加完成后,即将【打开】按钮添加至【快速访问】工具栏,在【快速访问】工具栏中单击【打开】按钮。

图 13-34

03 选择文件

No1 弹出【打开】对话框,在【查找范围】下拉列表框中,选择演示文稿所在位置。

No2 选择文件。

No3 单击【打开】按钮 [打开(O)]。

图 13-44

选择幻灯片

完成以上操作以后,在选择的幻灯片之后添加上一个新的幻灯片。

2. 在【幻灯片浏览】视图中插入幻灯片

在【幻灯片浏览】视图中同样可以插入新的空白幻灯片,下面介绍在【幻灯片浏览】视图中插入新幻灯片的操作方法,如图 13-45 与图 13-46 所示。

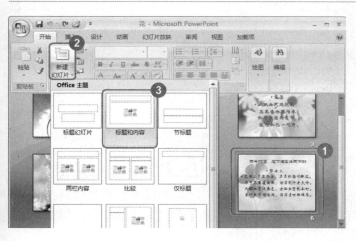

图 13-45

01 打开【幻灯片浏览】视图

No1　在【幻灯片浏览】视图中选择插入新幻灯片的位置。

No2　单击【新建幻灯片】按钮下部。

No3　弹出下拉列表,在【Office主题】区域选择新幻灯片的样式。

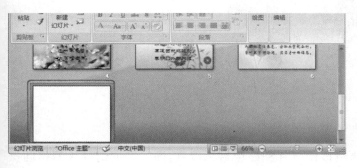

图 13-46

02 完成插入幻灯片

完成以上操作以后,在选择的幻灯片之后添加上一个新的幻灯片。

13.3.3　移动幻灯片

　　移动幻灯片是将已有幻灯片移动至指定位置,常用的有直接拖动和利用【剪切】与【粘贴】命令两种方法。下面分别介绍移动幻灯片的两种操作方法。

1. 直接移动

　　直接移动是将需要移动的幻灯片拖动到指定位置,下面介绍直接移动幻灯片的操作方法,如图 13-47 与图 13-48 所示。

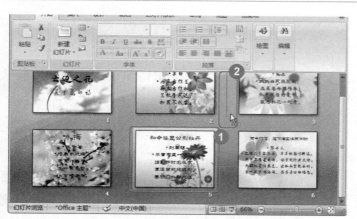

01 拖动幻灯片

No1　在【幻灯片浏览】视图中选择准备移动的幻灯片

No2　单击并拖动幻灯片,拖动该幻灯片至目标位置,释放鼠标左键。

图 13-47

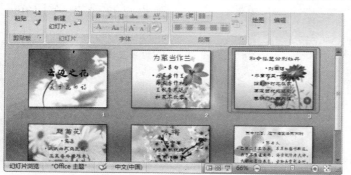

02 完成移动幻灯片

　　完成以上操作步骤后,即可将指定幻灯片拖动至目标位置。

图 13-48

2. 利用【剪切】与【粘贴】命令移动幻灯片

　　将准备移动的幻灯片剪切后,再将该幻灯片粘贴至目标位置,即可完成幻灯片的移动操作。下面介绍使用该方法移动幻灯片的具体操作方法,如图 13-49 图 ~13-51 所示。

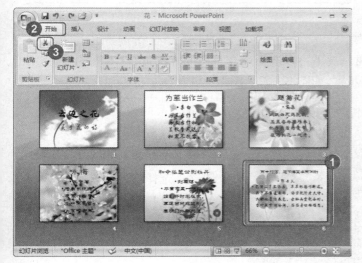

图 13-49

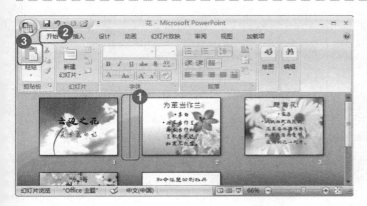

图 13-50

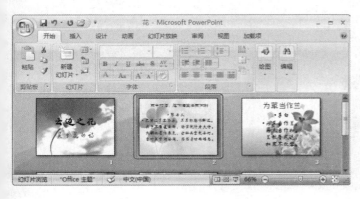

图 13-51

01 剪切幻灯片

No1	选择移动的幻灯片缩略图。
No2	选择【开始】选项卡。
No3	在【剪切板】组中单击【剪切】按钮。

举一反三

在键盘上按下组合键〈Ctrl〉+〈X〉同样可以实现剪切功能。

02 粘贴幻灯片

No1	将光标定位在准备粘贴幻灯片的位置。
No2	选择【开始】选项卡。
No3	在【剪贴板】组中单击【粘贴】按钮。

03 完成移动幻灯片

完成以上操作步骤后,即可将剪切的幻灯片粘贴至目标位置。

13.3.4 复制幻灯片

复制幻灯片的方法比较多,通常情况下可以选择适合自己的方法进行操作。下面介绍通过功能区的命令复制幻灯片的操作步骤,如图 13-52 ~ 图 13-54 所示。

图 13-52

01 复制幻灯片

No1 选择复制的幻灯片缩略图。

No2 选择【开始】选项卡。

No3 在【剪贴板】组中单击【复制】按钮 。

图 13-53

02 粘贴幻灯片

No1 选择准备粘贴幻灯片的位置。

No2 选择【开始】选项卡。

No3 在【剪贴板】组中单击【粘贴】按钮 。

图 13-54

03 完成复制幻灯片

完成以上操作步骤后,即可将复制的幻灯片粘贴至目标位置。

使用鼠标拖动复制幻灯片

使用鼠标拖动同样可以复制幻灯片,复制方法如下:选择准备复制的幻灯片,在键盘上按住〈Ctrl〉键,鼠标单击并拖动此幻灯片至目标位置,释放鼠标左键和键盘上的〈Ctrl〉键,即可将幻灯片复制到目标位置。

13.3.5 删除幻灯片

删除幻灯片是将演示文稿中多余或不需要的幻灯片进行删除处理,下面介绍删除幻灯片的操作,如图 13-55 图与 13-56 所示。

图 13-55

01 删除幻灯片

No1 选择需要删除的幻灯片缩略图。

No2 选择【开始】选项卡。

No3 在【幻灯片】组中单击【删除】按钮。

图 13-56

02 完成删除

完成以上操作即可删除选择的幻灯片。

举一反三

选择幻灯片缩略图后,在键盘上按下〈Delete〉键同样可以删除选中幻灯片。

处理幻灯片中的文本

本节导读

编辑演示文稿的重要操作之一是在幻灯片中输入文本，编辑文本。 将文本输入到幻灯片后，对文本格式和段落格式等进行设置，可以达到使演示文稿风格独特，样式美观的目的。 本节将介绍处理幻灯片中的文本的操作方法。

13.4.1 输入文本

输入文本是进行幻灯片编辑的基础,下面将介绍在演示文稿制作过程中输入文本的操作方法,如图 13-57 ~ 图 13-61 所示。

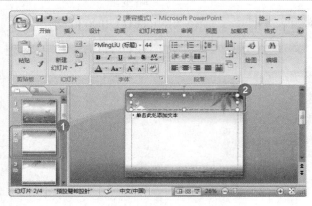

图 13-57

01 选择幻灯片

No1 在大纲区选择准备输入文本的幻灯片

No2 单击工作区幻灯片中的【标题】占位符,选择该占位符,准备输入文本。

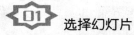

图 13-58

02 输入标题

在【标题】占位符中输入该张幻灯片的幻灯片标题。

举一反三

选择【插入】选项卡,在【特殊符号】组中单击【符号】按钮 ,符号,在弹出的下拉列表中可选择插入特殊符号。

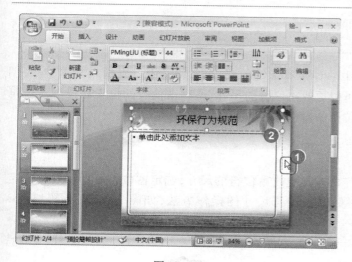

图 13-59

03 完成标题

No1 输入完标题,单击【标题】占位符外侧的任意部分,即可完成标题的输入。

No2 单击【文本】占位符,将光标定位在占位符中。

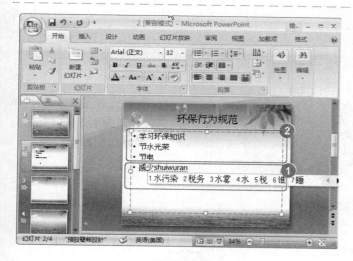

图 13-60

04 输入文本

No1 在【文本】占位符中输入文本内容。

No2 输入文本后,在键盘上按下〈Enter〉键,即可更换下一行,输入项目条例。

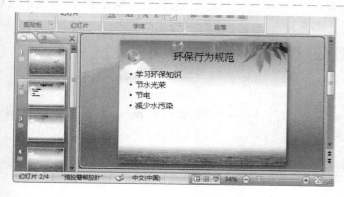

图 13-61

05 完成输入

完成以上操作后,即可完成在幻灯片中输入文本的操作。

13.4.2 更改占位符

占位符是绝大多数幻灯片版式中一种带有虚线的框,在占位符中可以输入文本、插入图片、表格和图表等对象,在幻灯片中可以更改占位符的尺寸、调整占位符的位置和设置占位符中文本的格式等。下面介绍更改占位符的操作方法。

1. 更改占位符的尺寸

更改占位符比较常用的调整操作之一是更改占位符的尺寸,选定占位符后即可对该选定占位符的大小进行调整。下面介绍更改占位符尺寸的操作方法,如图 13-62 与图 13-63 所示。

图 13-62

01 调整占位符尺寸

No1 选择占位符,在占位符的各边和各角出现圆形或方形的尺寸控制点。

No2 将鼠标光标放在一个控制点,鼠标光标变为↕形时,单击并拖动鼠标,至目标位置时,释放鼠标左键。

图 13-63

02 完成调整

完成以上操作后,即可将占位符调整为所需大小。

举一反三

调整时,在键盘上按住〈Shift〉键,再拖动鼠标,调整的占位符则是按比例缩放。

2. 调整占位符位置

调整占位符位置的同时也调整了占位符内输入文本内容的位置,下面介绍调整占位符位置的操作方法,如图 13-64 ~ 图 13-66 所示。

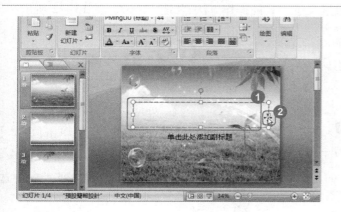

图 13-64

01 选择占位符

No 1 选择占位符,在占位符的各边和各角出现圆形或方形的尺寸控制点。

No 2 将鼠标光标指向一个控制点,鼠标光标变成十形。

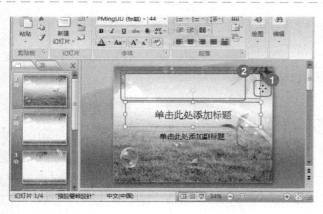

图 13-65

02 移动占位符

No 1 单击并拖动标题占位符。

No 2 至目标位置时,释放鼠标左键。

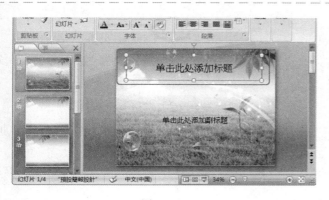

图 13-66

03 移动完成

完成以上操作后,即可将占位符的位置调整到指定位置。

13.4.3 设置文本格式

将文本输入幻灯片后,可根据幻灯片的内容设置文本格式,使文本的风格更加符合演示文稿的主题。下面将介绍在幻灯片中设置文本格式的操作方法,如图 13-67 ~ 图 13-72 所示。

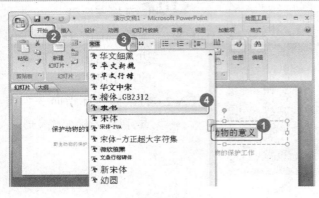

图 13-67

01 设置字体

No1 选择文本文字。

No2 选择【开始】选项卡。

No3 在【字体】组中单击【字体】下拉列表框右侧下拉箭头。

No4 在弹出的下拉列表框中选择字体,如"隶书"。

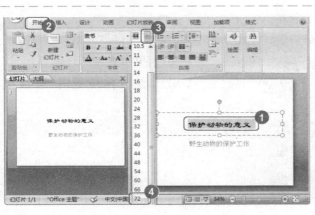

图 13-68

02 设置字号

No1 字体设置为隶书,选择文本文字。

No2 选择【开始】选项卡。

No3 在【字体】组中单击【字号】下拉列表框右侧下拉箭头。

No4 在弹出的下拉列表框中选择字号,如"72"。

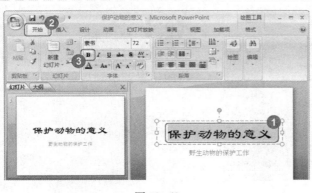

图 13-69

03 加粗文本

No1 字号设置为 72 号,选择文本文字。

No2 选择【开始】选项卡。

No3 在【字体】组中,单击【加粗】按钮 B 。

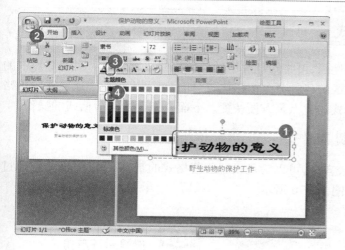

图 13-70

04 更改文本颜色

No1 字体被加粗,选择文本文字。

No2 选择【开始】选项卡

No3 在【字体】组中,单击【字体颜色】按钮▲右侧的下拉箭头。

No4 弹出颜色列表框。在【主题颜色】区域选择字体颜色。

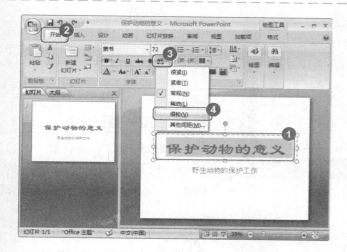

图 13-71

05 设置字符间距

No1 字体颜色被更改,选择文本文字。

No2 选择【开始】选项卡。

No3 在【字体】组中单击【字符间距】按钮 ♣ 。

No4 在弹出的下拉列表框中,选择间距类型,如"很松"。

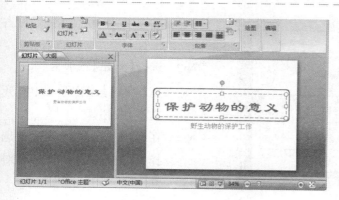

图 13-72

06 完成文本设置

通过以上操作,即可完成文本设置的操作。

举一反三

此外,还可以进行字体倾斜、加文字阴影和添加下划线等设置。

13.4.4　设置段落格式

在幻灯片中为使版式美观,可视性强,可将幻灯片中的段落格式进行设置。对幻灯片中的段落设置格式的方法比较灵活,功能区的各种命令按钮比较全面,可以比较系统地设置段落格式;通过浮动工具栏设置常用段落格式的优点是方便快捷。下面介绍设置段落格式的操作。

1. 通过功能区的命令设置段落格式

在功能区中的各种命令按钮比较齐全,可以满足设置段落格式的基本需要,下面介绍通过该方法设置段落格式,如图 13-73 ~ 图 13-76 所示。

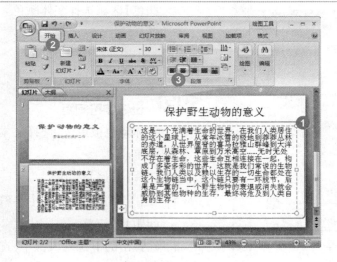

图 13-73

01　设置对齐方式

No1　选择准备设置段落格式的占位符

No2　选择【开始】选项卡。

No3　在【段落】组中单击【居中】按钮 。

举一反三

在键盘上按下组合键〈Ctrl〉+〈E〉也可以实现段落居中的设置。

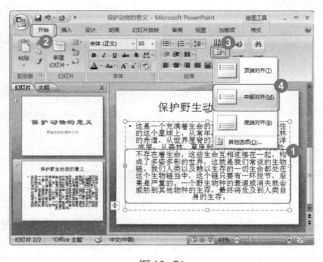

图 13-74

02　设置文本框对齐方式

No1　段落设置为居中对齐,选择准备设置段落格式的占位符。

No2　选择【开始】选项卡。

No3　在【段落】组中单击【对齐文本】按钮 。

No4　在弹出的下拉列表框中选择对齐方式,如"中部对齐"。

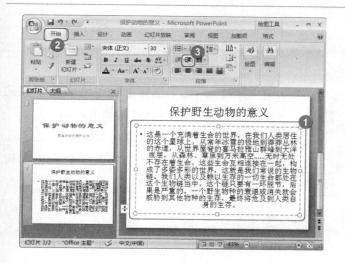

图 13-75

03 设置列表级别

No1 文本框格式设置为居中,选择准备设置段落格式的占位符。

No2 选择【开始】选项卡。

No3 在【段落】组中,单击【提高列表级别】按钮。

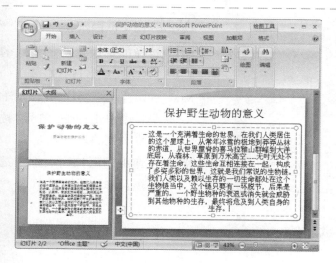

图 13-76

04 完成设置

通过以上操作即可完成段落设置。

举一反三

此外,通过【段落】组中的各种命令还可以设置段落的行间距和添加项目符号等。

 教你一招

使用【段落】对话框设置段落格式

打开【段落】对话框同样可以设置段落的格式,具体操作方法如下:选择设置段落格式的占位符,选择【开始】选项卡,单击【段落】组中的【启动器】按钮,弹出【段落】对话框,在【段落】对话框中可对选中占位符中的文本进行段落格式的设置。

2. 使用浮动工具栏设置段落格式

通过使用浮动工具栏可以对使用频率较高的段落格式进行设置,下面介绍使用浮动工具栏设置段落格式的操作方法,如图 13-77 ~ 图 13-79 所示。

图 13-77

01 设置对齐方式

No1　选择准备设置段落格式的占位符,单击鼠标右键。

No2　弹出浮动工具栏,在浮动工具栏中单击【居中】按钮。

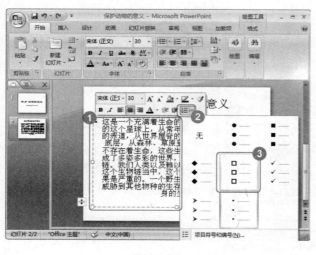

图 13-78

02 更改项目符号

No1　选择准备设置段落格式的占位符,单击鼠标右键。

No2　弹出浮动工具栏,在浮动工具栏中单击【项目符号】按钮右侧的下拉箭头。

No3　在弹出的下拉列表框中选择项目符号的类型。

图 13-79

03 完成设置

完成以上操作步骤后,即可完成对段落格式的基本设置操作。

13.5 打印演示文稿

本节导读

编辑好的演示文稿除了可以在电脑上播放外，还可以打印成书面材料，以方便对演示文稿的审阅工作。在打印演示文稿前，需要先对演示文稿进行相关的设置。本节将介绍对幻灯片的设置操作和打印幻灯片的操作方法。

13.5.1 设置幻灯片大小

由于演示文稿中幻灯片的大小比较特殊，在准备打印演示文稿前，需要对幻灯片的大小进行相关的设置，以使打印出的效果符合要求。下面介绍设置幻灯片的大小的操作方法，如图13-80与图13-81所示。

图 13-80

01 打开【页面设置】对话框

No1 选择【设计】选项卡。

No2 在【页面设置】组中单击【页面设置】按钮 □ 。

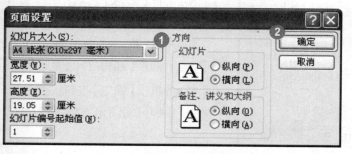

图 13-81

02 设置页面

No1 弹出【页面设置】对话框，在【幻灯片大小】下拉列表框中选择纸张大小。

No2 单击【确定】按钮 **确定** 。

教你一招

自定义页面

打开【页面设置】对话框后,分别在【宽度】和【长度】文本框中输入相应的数值,单击【确定】按钮 確定 ,则可以自定义页面大小。

13.5.2 打印演示文稿

打印演示文稿是将演示文稿进行输出操作,下面介绍打印演示文稿的操作方法,如图13-82与图13-83所示。

图 13-82

01 打开【打印】对话框

No1 单击 PowerPoint 2007 左上角的【Office】按钮。

No2 在弹出的文件菜单中选择【打印】菜单项。

No3 在弹出的子菜单中,选择【打印】子菜单项。

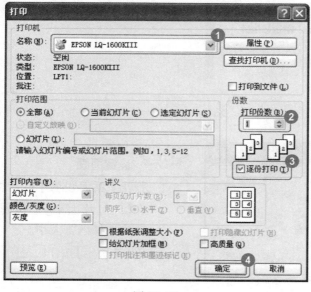

图 13-83

02 更改项目符号

No1 弹出【打印】对话框,在【打印机】区域中的【名称】下拉列表框中选择打印机名称。

No2 在【份数】区域中的【打印份数】微调框中输入打印份数,如"1"。

No3 选中【逐份打印】复选框。

No4 单击【确定】按钮 確定 ,即可对演示文稿进行打印。

教你一招

组合键打开【打印】对话框

除使用【Office】按钮 打开【打印】对话框,还可以使用组合键打开【打印】对话框,操作方法为:在键盘上按下组合键〈Ctrl〉+〈P〉,打开【打印】对话框。

Section
13.6 实践案例

在学习了 PowerPoint 2007 基础操作后, 在制作演示文稿的过程中经常会遇到对幻灯片的各个部分进行特殊编辑的情况。 本节将介绍在幻灯片中插入页眉页脚和创建包含表格的幻灯片的操作方法。

13.6.1 在幻灯片中插入页脚

页眉和页脚用来显示文档的附加信息,通常用以插入时间、日期和幻灯片编号等,页眉位于幻灯片的顶部,页脚位于幻灯片的底部。下面介绍在幻灯片中插入页脚的操作方法,如图13-84 ~图13-86 所示。

| 素材文件 | 配套素材\第13章\素材文件\插入页脚.pptx |
| 效果文件 | 配套素材\第13章\效果文件\插入页脚.pptx |

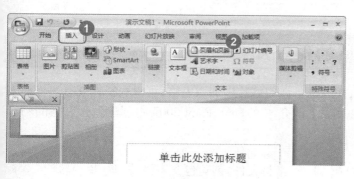

图 13-84

01 打开【打印】对话框

No1 选择【插入】选项卡。

No2 在【文本】组中,单击【页眉和页脚】按钮 页眉和页脚。

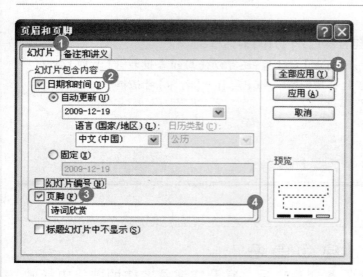

图 13-85

02 更改项目符号

No1 弹出【页眉和页脚】对话框,选择【幻灯片】选项卡。

No2 在【幻灯片包含内容】区域,选中【日期和时间】复选框。

No3 选中【页脚】复选框。

No4 在【页脚】文本框输入内容。

No5 单击【全部应用】按钮 全部应用(Y)。

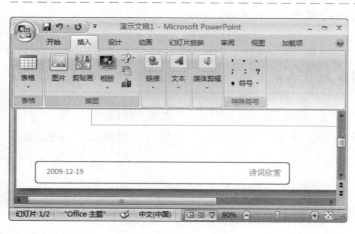

图 13-86

03 完成插入

完成以上操作后,即可在幻灯片中插入页脚,页脚包括时间日期和页脚内容。

13.6.2 创建包含表格的幻灯片

在幻灯片中默认输入的是文本,如果准备在幻灯片中加入表格,可以选择将现有表格插入幻灯片中,或者创建包含表格的幻灯片。下面介绍在 PowerPoint 2007 中创建包含表格的幻灯片,如图 13-87 ~ 图 13-89 所示。

| 素材文件 | 配套素材\第 13 章\素材文件\创建包含表格的幻灯片 . pptx |
| 效果文件 | 配套素材\第 13 章\效果文件\创建包含表格的幻灯片 . pptx |

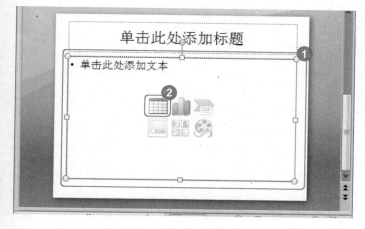

图 13-87

01 打开【插入表格】对话框

No1 选择准备创建表格的占位符。

No2 在占位符中单击【插入表格】按钮▦。

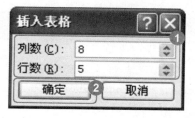

图 13-88

02 设置行列数

No1 在【行数】和【列数】微调框中分别输入行数和列数。

No2 单击【确定】按钮 确定 。

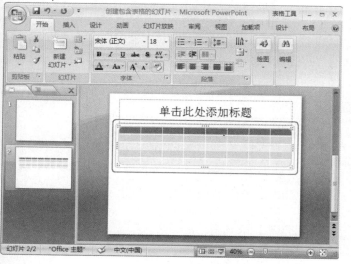

图 13-89

03 完成创建

进行完以上操作后,即可成功创建一个包含表格的幻灯片。

举一反三

除了直接创建,还可以使用功能区的命令在幻灯片中插入新的表格。

259

读书笔记

第 14 章
美化演示文稿

本章内容导读

　　本章介绍有关美化演示文稿的知识，包括应用主题、添加多媒体信息、设置幻灯片的切换效果、动画效果、播放演示文稿和打包演示文稿等。在本章的最后以自定义放映幻灯片、录制声音和插入图形为例，练习使用 PowerPoint 2007 的方法。通过本章的学习，读者可以初步掌握制作演示文稿的知识，为进一步学习电脑知识奠定基础。

本章知识要点

- ☑ **应用主题**
- ☑ **添加多媒体信息**
- ☑ **设置幻灯片的切换效果**
- ☑ **设置幻灯片的动画效果**
- ☑ **播放演示文稿**
- ☑ **打包演示文稿**

Section

14.1 应用主题

本节导读

幻灯片主题包括背景、字体、颜色和效果等，读者可以根据自己的喜好自定义幻灯片的主题，使得幻灯片更加美观。本节将介绍在幻灯片中应用主题的方法。

14.1.1 应用主题

PowerPoint 2007 中自带了许多主题,可以选择准备应用的主题。下面以应用主题"凸显"为例,介绍应用主题的方法如图 14-1 与图 14-2 所示。

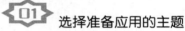

图 14-1

01 选择准备应用的主题

No1 选中准备应用主题的幻灯片。

No2 选择【设计】选项卡。

No3 在【主题】组中选择准备应用的主题样式,如选择"凸显"样式。

图 14-2

02 完成应用主题

No1 通过以上方法即可完成应用主题"凸显"。

No2 在演示文稿的工作区中显示应用主题的效果。

14.1.2 自定义主题

如果经常使用一种主题样式,可以将其定义为 PowerPoint 2007 自带的主题,方便再次使用。下面将介绍设置自定义主题的方法,如图 14-3 ~ 图 14-7 所示。

图 14-3

01 选择准备应用的颜色

No1 选中准备设置主题的幻灯片。

No2 选择【设计】选项卡。

No3 在【主题】组中单击【颜色】按钮 颜色 。

No4 选择准备应用的颜色,如"流畅"。

图 14-4

03 选择准备应用的字体

No1 在【主题】组中单击【字体】按钮 字体 。

No2 在弹出的下拉菜单中选择准备应用的字体样式,如"华丽"。

图 14-5

03 选择【保存当前主题】选项

在【主题】组中单击【其他】按钮 ,在弹出的下拉菜单中选择【保存当前主题】选项。

图 14-6

01 保存当前主题

No1 弹出【保存当前主题】对话框,默认选择准备保存的位置。

No2 在【文件名】文本框中输入准备保存的名称。

No3 单击【保存】按钮 保存(S)。

图 14-7

02 完成自定义主题

No1 通过以上方法即可完成自定义主题的操作。

No2 将鼠标指针指向定义的主题样式,将会显示定义的名称。

Section
14.2 添加多媒体信息

本节导读

多媒体信息包括图片、艺术字、文本框、声音和视频等,可以在幻灯片中添加这些多媒体的信息,使得幻灯片更加生动。本节将介绍在 Power-Point 2007 中添加多媒体信息的方法。

14.2.1 插入图片

在幻灯片中可以插入图片,对演示文稿进行美化。下面将介绍在 PowerPoint 2007 中插入图片的方法,如图 14-8 ~ 图 14-11 所示。

图 14-8

01 单击【图片】按钮

No 1 选择准备插入图片的幻灯片,选择【插入】选项卡。

No 2 在【插图】组中单击【图片】按钮。

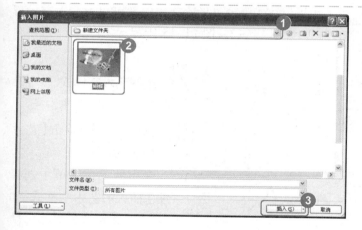

图 14-9

02 单击【插入】按钮

No 1 弹出【插入图片】对话框,选择准备插入图片的位置。

No 2 选择准备插入的图片。

No 3 单击【插入】按钮。

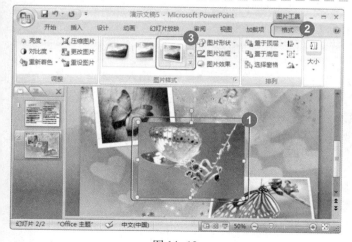

图 14-10

03 选择准备应用的样式

No 1 选择准备设置样式的图片。

No 2 选择【格式】选项卡。

No 3 在【图片样式】组中选择准备应用的样式,如选择"棱台左透视,白色"。

图 14-11

14. 2. 2　插入艺术字

艺术字是起到装饰作用的文字，PowerPoint 2007 中可以插入艺术字并可以对艺术字的形状进行设置。下面将介绍插入艺术字的方法，如图 14-12 ~ 图 14-15 所示。

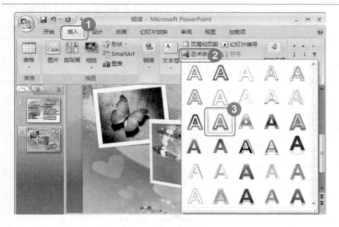

图 14-12

04　完成插入图片

通过以上方法即可完成插入图片的操作。

01　选择艺术字样式

No1　选择【插入】选项卡。

No2　在【文本】组中单击【艺术字】按钮 艺术字。

No3　在弹出的下拉菜单中选择准备插入的艺术字样式，如"填充 - 强调文字颜色 6，渐变轮廓 - 强调文字颜色 6"。

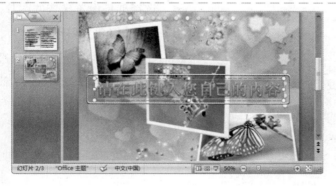

图 14-13

02　输入艺术字内容

在【请在此键入您自己的内容】文本框中输入准备插入的艺术字，如"美丽的蝴蝶"，并将文本框移动到合适的位置。

图 14-14

图 14-15

01 设置艺术字形状

No.1 选择【格式】选项卡。

No.2 在【艺术字样式】组中单击
【文本效果】按钮 A·。

No.3 在弹出的下拉菜单选择【转
换】菜单项。

No.4 在弹出的子菜单中选择准
备应用的形状，如"右牛角
形"。

02 完成插入艺术字

　　通过以上方法即可完成在
PowerPoint 2007 插入艺术字的
操作。

14.2.3 插入文本框

　　文本框包括横排文本框和垂直文本框，在文本框中可以插入文本。下面将介绍在 Power-
Point 2007 中插入文本框的方法，如图 14-16 ~ 图 14-19 所示。

图 14-16

01 选择【垂直文本框】菜
单项

No.1 选择【插入】选项卡。

No.2 在【文本】组中单击【文本
框】按钮 A 下部。

No.3 在弹出的下拉菜单中选择
【垂直文本框】菜单项。

图 14-17

02 输入文本内容

　　鼠标指针变为 ← 形，在工作区中单击并拖动鼠标指针，到达目标位置后释放鼠标左键，并在文本框中输入文本。

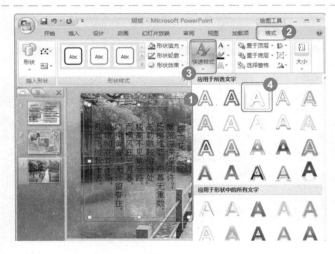

图 14-18

03 设置文本样式

No1　选中文本框中的文本。

No2　选择【格式】选项卡。

No3　在【艺术字样式】组中单击【快速样式】按钮 ᴬ。

No4　在弹出的下拉菜单中选择准备应用的艺术字样式。

图 14-19

04 完成插入文本框

　　通过以上方法即可完成在 PowerPoint 2007 中插入文本框的操作。

14.2.4　插入声音

　　对于制作出的幻灯片，可以为其设置背景音乐，将自己喜好的歌曲插入到其中，在放映幻灯片时播放音乐。下面将介绍插入声音的方法，如图 14-20 ~ 图 14-24 所示。

图 14-20

01 选择【文件中的声音】菜单项

No1 选择【插入】选项卡。

No2 单击【媒体剪辑】按钮 。

No3 单击【声音】按钮 下部。

No4 在弹出的下拉菜单中选择【文件中的声音】菜单项。

图 14-21

02 选择声音文件

No1 弹出【插入声音】对话框，选择准备插入的声音文件的位置。

No2 选择准备插入的声音文件。

No3 单击【确定】按钮 确定 。

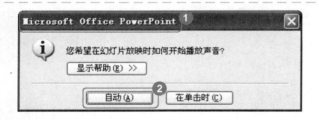

图 14-22

03 单击【自动】按钮

No1 弹出【Microsoft Office PowerPoint】对话框。

No2 单击【自动】按钮 自动(A) 。

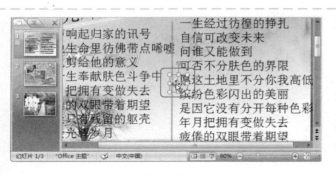

图 14-23

04 设置声音图标的位置

在演示文稿的工作区中显示声音图标，鼠标指针指向该图标，鼠标指针变为"   "形，单击并拖动鼠标指针至目标位置，释放鼠标左键。

图 14-24

05 完成插入声音

通过以上方法即可完成在 PowerPoint 2007 中插入声音的操作。

设置幻灯片的切换效果

本节导读

幻灯片与幻灯片之间的切换可以设置不同的效果，以增强演示文稿的可视性。 设置幻灯片的切换效果包括使用超链接、使用动作按钮、设置切换效果和设置切换速度等。 本节将介绍具体的方法。

14.3.1 使用超链接

使用超链接可以在幻灯片与幻灯片之间，或幻灯片与外部文件之间进行切换，下面将介绍使用超链接的方法，如图 14-25 ~ 图 14-28 所示。

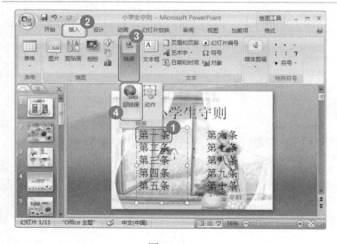

图 14-25

01 单击【超链接】按钮

No1 选中准备插入超链接的对象。

No2 选择【插入】选项卡。

No3 单击【链接】按钮 。

No4 单击【超链接】按钮 。

图 14-38

14.3.5 删除切换效果

如果不准备使用幻灯片中的切换效果,可以将其删除。下面将介绍删除幻灯片中切换效果的方法,如图 14-39 与图 14-40 所示。

图 14-39

02 完成设置切换速度

通过以上方法即可完成设置幻灯片的切换速度。

01 选择【无切换效果】选项

No1 选中准备删除切换方案的幻灯片。

No2 选择【动画】选项卡。

No3 在【切换到此幻灯片】组中单击【切换方案】按钮。

No4 在弹出的下拉菜单中选择【无切换效果】选项。

图 14-40

02 完成删除切换效果

幻灯片前的星星图标消失。通过以上方法即可完成删除切换效果的操作。

Section

14.4 设置幻灯片的动画效果

本节导读

　　幻灯片的动画效果包括系统自带的动画效果和自定义的动画效果，此外还可以自己绘制动画效果。 本节将介绍应用动画方案、设置动作路径和使用自定义动画的方法。

14.4.1 应用动画方案

　　动画方案包括淡出、擦除和飞入等，可以根据自己的喜好进行设置。下面将介绍应用动画方案的方法，如图 14-41 ~ 图 14-43 所示。

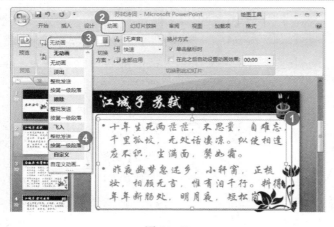

图 14-41

01 选择【按第一级段落】选项

No1 选择准备设置动画方案的对象。

No2 选择【动画】选项卡。

No3 在【动画】组中单击【动画】下拉列表框右侧的下拉箭头。

No4 在【飞入】区域中选择【按第一级段落】选项。

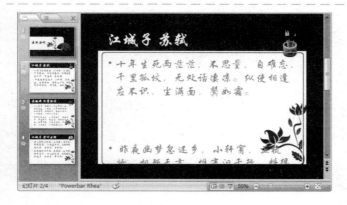

图 14-42

02 显示动画效果

　　显示动画效果,在工作区中显示动画的效果。

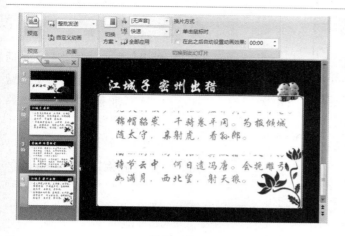

图 14-43

03 完成应用动画方案

按照同样的方法设置其他幻灯片的动画方案。通过以上方法即可完成应用动画方案的操作。

 教你一招

删除动画方案

如果准备删除应用动画效果,选中准备应用动画方案的文本,选择【动画】选项卡,在【动画】组中单击【动画】下拉列表框右侧的下拉箭头,在弹出的下拉列表中选择【无动画】菜单项即可完成删除动画方案的操作。

14.4.2 设置动作路径

在 PowerPoint 2007 中可以对对象的运动路径进行设置,系统中自带了许多动作路径,下面将介绍设置动作路径的方法,如图 14-44 ~ 图 14-46 所示。

图 14-44

01 选择【其他动作路径】菜单项

No1 选择准备设置路径的对象。

No2 选择【动画】选项卡。

No3 在【动画】组中单击【自定义动画】按钮 自定义动画。

No4 单击【添加效果】按钮 添加效果。

No5 选择【动作路径】菜单项。

No6 选择【其他动作路径】菜单项。

图 14-45

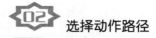

02 选择动作路径

No1 弹出【添加动作路径】对话框,在【直线和曲线】区域中选择准备应用的动作路径,如"心跳"。

No2 选中【预览效果】复选框。

No3 单击【确定】按钮 确定 。

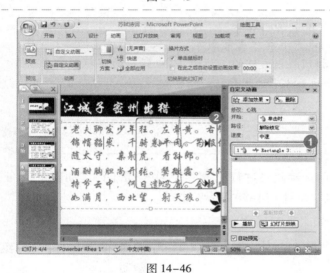

图 14-46

03 完成设置动作路径

No1 预览结束后,在【自定义动画】任务窗格中显示添加的动作路径。

No2 在 PowerPoint 2007 工作区中显示添加的动作路径。

 教你一招

调整路径顺序

如果一次添加了多个运动路径,可以在【自定义任务】窗格中单击【向上】按钮 和【向下】按钮 调节。

14.4.3 使用自定义动画

自定义动画可以设置对象的进入、强调和退出的效果等,增强对象的动画效果,下面将介绍具体的方法,如图 14-47 ~ 图 14-49 所示。

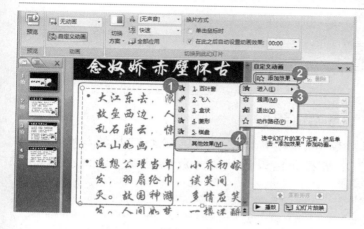

图 14-47

<table>
<tr><td>01</td><td>选择【其他效果】菜单项</td></tr>
</table>

01 选择【其他效果】菜单项

No1 选中准备设置动画效果的对象。

No2 打开【自定义动画】任务窗格，单击【添加效果】按钮☆ 添加效果 。

No3 选择【进入】菜单项。

No4 选择【其他效果】菜单项。

图 14-48

02 选择动画效果

No1 弹出【添加进入效果】对话框，在【细微型】区域中选择【淡出式回旋】选项。

No2 选中【预览效果】复选框。

No3 单击【确定】按钮 确定 。

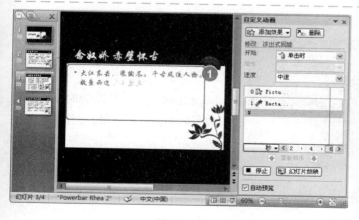

图 14-49

03 完成添加动画效果

通过以上方法即可完成添加动画效果的操作，在工作区中显示播放添加的动画效果。

Section

14.5　播放演示文稿

设置演示文稿后，可以进行播放，在播放时可以设置幻灯片的放映时间和方式等，并进行放映操作。本节将介绍设置幻灯片放映时间、方式、启动与退出放映幻灯片的方法。

14.5.1　设置幻灯片的放映时间

在放映幻灯片时,如果准备为每张幻灯片设置不同的放映时间,可以在 PowerPoint 2007 进行设置。下面将介绍具体的操作方法,如图 14-50 ~ 图 14-53 所示。

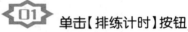

图 14-50

01 单击【排练计时】按钮

No 1　选择【幻灯片放映】选项卡。

No 2　在【设置】组中单击【排练计时】按钮 ⏱排练计时。

举一反三

在【设置】组中选中【使用排练计时】复选框可以放映幻灯片时使用自己设置的时间。

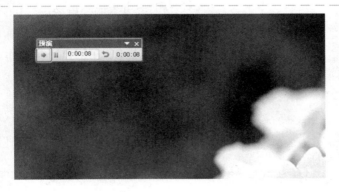

图 14-51

02 单击【下一项】按钮

开始放映幻灯片,弹出【预演】对话框,显示放映的时间,到达时间后单击【下一项】按钮 。

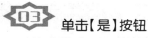

图 14-52

03 单击【是】按钮

放映结束后，弹出对话框，单击【是】按钮 **是(Y)** 。

图 14-53

04 完成设置播放时间

通过以上方法即可完成设置幻灯片放映播放时间的操作。

举一反三

如果准备重新设置计时的时间，可以再次执行排练计时的操作。

14.5.2 设置放映方式

放映方式包括放映类型、换片方式、性能和放映的范围等，可以在放映前对其进行设置。下面将介绍具体的方法，如图 14-54 ~ 图 14-56 所示。

图 14-54

01 单击【设置幻灯片放映】按钮

No1 选择【幻灯片放映】选项卡。

No2 在【设置】组中单击【设置幻灯片放映】按钮 。

图 14-55

02 设置放映方式

No1 弹出【设置放映方式】对话框,在【放映类型】区域中选中【观众自行浏览(窗口)】单选项。

No2 在【换片方式】区域中选中【如果存在排练时间,则使用它】单选项。

No3 单击【确定】按钮 确定 。

03 完成设置放映方式

通过以上方法即可完成设置放映方式的操作,放映幻灯片即可显示设置的效果。

图 14-56

 教你一招

不同放映类型的意义

演讲者放映类型:可以全屏放映演示文稿,并且可以控制放映进程,为会议添加细节反映。

观众自行浏览类型:以窗口的形式放映演示文稿,可以直接查看幻灯片的放映效果,并可以自由切换幻灯片。

在展台浏览类型:全屏放映演示文稿,并为自动放映状态,在放映结束后会自动重新放映,在键盘上按下〈Esc〉键退出放映方式。

14.5.3 启动与退出放映幻灯片

对幻灯片设置结束后,可以将其放映给其他人或进行展示,不需要时可以退出放映。下面将介绍启动与退出放映幻灯片的方法,如图 14-57 ~ 图 14-59 所示。

图 14-57

01 单击【从头开始】按钮

No1 选择【幻灯片放映】选项卡。

No2 在【开始放映幻灯片】组中单击【从头开始】按钮 。

举一反三

选择准备放映的幻灯片,在状态栏中单击【幻灯片放映】按钮 也可以开始放映幻灯片。

图 14-58

02 选择【结束放映】菜单项

No1 通过以上方法即可开始放映幻灯片,右键单击准备结束的幻灯片。

No2 在弹出的快捷菜单中选择【结束放映】菜单项。

图 14-59

03 退出放映幻灯片

通过以上方法即可完成启动并退出幻灯片放映的操作。

举一反三

如果准备退出放映幻灯片,可以在键盘上按下〈Esc〉键。

14.6 打包与发布演示文稿

本节导读

如果经常需要使用演示文稿作展示，可以将其打包，这样既避免了由于演示位置没有 PowerPoint 2007 软件的麻烦，也便于保存与携带。 本节将介绍打包演示文稿的方法。

14.6.1 打包演示文稿

如果经常使用一个演示文稿，可以将其打包，防止演示的电脑上没有放映的软件，并可以设置密码。下面将介绍打包演示文稿的方法，如图 14-60 ~ 图 14-70 所示。

图 14-60

01 选择【CD 数据包】子菜单项

No1 单击【Office】按钮。

No2 在弹出的文件菜单中选择【发布】菜单项。

No3 在弹出的子菜单中选择【CD 数据包】子菜单项。

图 14-61

02 单击【确定】按钮

单击【确定】按钮 确定

图 14-62

03 单击【选项】按钮

No1 弹出【打包成 CD】对话框。

No2 在【要复制的文件】区域中单击【选项】按钮 选项(O)...。

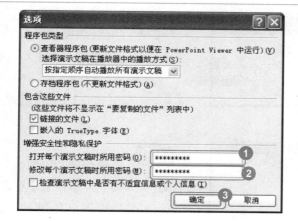

图 14-63

04 设置密码

No1 弹出【选项】对话框，在【打开每个演示文稿时所用的密码】文本框中输入密码。

No2 在【修改每个演示文稿时所用的密码】文本框中再次输入密码。

No3 单击【确定】按钮 。

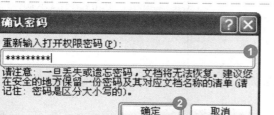

图 14-64

05 重新输入密码

No1 弹出【确认密码】对话框，在【重新输入打开权限密码】文本框中输入密码。

No2 单击【确定】按钮 确定 。

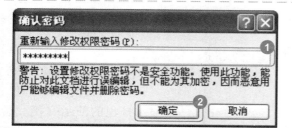

图 14-65

06 重新输入密码

No1 弹出【确认密码】对话框，在【重新输入修改权限密码】文本框中输入密码。

No2 单击【确定】按钮 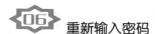。

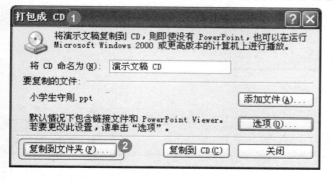

图 14-66

07 单击【复制到文件夹】按钮

No1 返回到【打包成 CD】对话框。

No2 单击【复制到文件夹】按钮 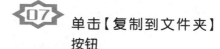。

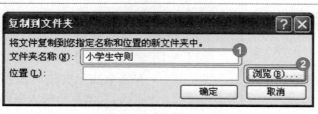

图 14-67

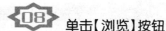

08 单击【浏览】按钮

No1 在【文件夹名称】文本框中输入打包的名称。

No2 单击【浏览】按钮 浏览(B)...。

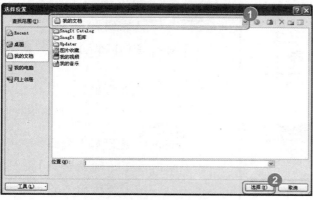

图 14-68

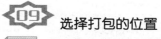

09 选择打包的位置

No1 弹出【选择位置】对话框,选择准备打包演示文稿的位置。

No2 单击【选择】按钮 选择(E)。

图 14-69

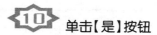

10 单击【是】按钮

单击【是】按钮 是(Y)。

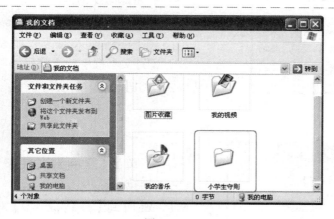

图 14-70

11 完成打包演示文稿

打开打包演示文稿的位置,即可显示打包的演示文稿。通过以上方法即可完成打包演示文稿的操作。

14.6.2 发布演示文稿

如果准备将自己制作的演示文稿中的幻灯片分别保存,可以将其发布,以便重复使用。下面将介绍发布演示文稿的方法,如图 14-71 ~ 图 14-75 所示。

图 14-71

图 14-72

图 14-73

01 选择【发布幻灯片】子菜单项

No1 单击【Office】按钮。

No2 在弹出的文件菜单中选择【发布】菜单项。

No3 在弹出的子菜单中选择【发布幻灯片】子菜单项。

02 单击【浏览】按钮

No1 弹出【发布幻灯片】对话框。

No2 在【发布到】区域右侧单击【浏览】按钮 浏览(R)...。

举一反三

在【发布到】文本框中输入准备发布到的文件夹路径，也可以发布到指定的文件夹。

03 选择发布的位置

No1 弹出【选择幻灯片库】对话框，选择准备保存的位置。

No2 单击【选择】按钮 选择(E)。

图 14-74

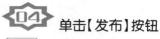

04 单击【发布】按钮

No1 返回到【发布幻灯片】对话框,在【选择要发布的幻灯片】区域中选择准备发布的幻灯片复选框。

No2 单击【发布】按钮 发布(P)

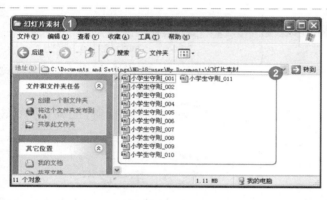

图 14-75

05 完成发布幻灯片

No1 打开发布幻灯片的文件夹。

No2 通过以上方法即可完成发布幻片的操作。

14.6.3 异地播放打包的演示文稿

将演示文稿打包后可以将其保存,并在异地播放打包的演示文稿。下面将介绍播放打包演示文稿的方法,如图 14-76 ~ 图 14-79 所示。

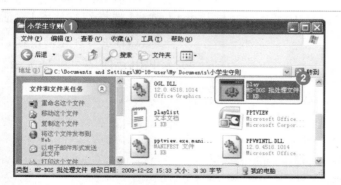

图 14-76

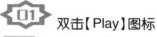

01 双击【Play】图标

No1 打开打包演示文稿的窗口。

No2 双击【Play】图标。

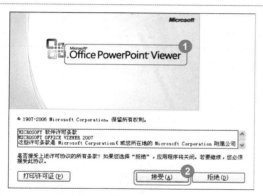

02 单击【接受】按钮

No1 弹出【Office PowerPoint Viewer】对话框。

No2 单击【接受】按钮 。

图 14-77

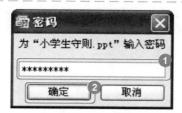

03 输入密码

No1 弹出【密码】对话框,在文本框中输入密码。

No2 单击【确定】按钮 。

图 14-78

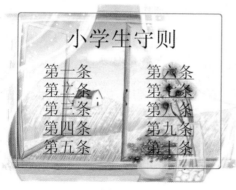

04 完成播放演示文稿

通过以上方法即可完成异地播放演示文稿的操作。

举一反三

双击【Microsoft Office PowerPoint 97 - 2003 演示文稿】图标也可播放演示文稿。

图 14-79

Section
14.7 **实践案例**

本节导读

本章介绍了有关美化 PowerPoint 2007 演示文稿的方法,包括应用主题、添加多媒体信息、设置幻灯片的切换效果、动画效果、播放演示文稿和打包演示文稿等。 根据本章介绍的知识,下面以自定义放映幻灯片、录制声音和插入图形为例,练习使用 PowerPoint 2007 的方法。

14.7.1　自定义放映幻灯片

　　在放映幻灯片时可以自定义其放映顺序和播放次数等,下面将介绍在 PowerPoint 2007 中自定义放映幻灯片的方法,如图 14-80 ~ 图 14-86 所示。

素材文件	配套素材\第 14 章\素材文件\烛台展 . pptx
效果文件	配套素材\第 14 章\效果文件\烛台展 . pptx

图 14-80

01 选择【自定义放映】菜单项

No1　选择【幻灯片放映】选项卡。

No2　在【开始放映幻灯片】组中单击【自定义幻灯片放映】按钮。

No3　在弹出的下拉菜单中选择【自定义放映】菜单项。

图 14-81

02 单击【新建】按钮

No1　弹出【自定义放映】对话框。

No2　在【自定义放映】区域右侧单击【新建】按钮。

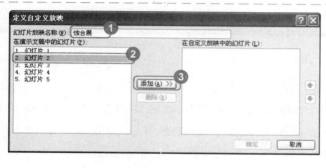

图 14-82

03 添加幻灯片

No1　在文本框输入幻灯片名称。

No2　在【在演示文稿中的幻灯片】列表框中选择准备第一个放映的幻灯片。

No3　单击【添加】按钮。

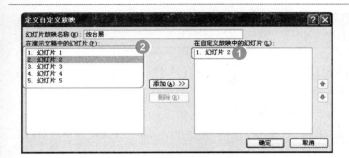

图 14-83

04 设置放映顺序

No1 通过以上方法即可添加第一个放映的幻灯片。

No2 重复上述操作继续添加幻灯片。

图 14-84

05 单击【确定】按钮

No1 在【在自定义放映中的幻灯片】区域中显示添加的幻灯片。

No2 单击【确定】按钮 确定 。

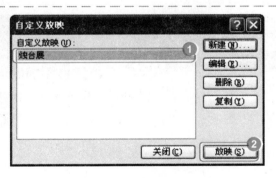

图 14-85

06 单击【放映】按钮

No1 返回到【自定义放映】对话框,在【自定义放映】区域中显示新建的幻灯片。

No2 单击【放映】按钮 放映 (S) 。

图 14-86

07 完成自定义放映

通过以上方法即可完成自定义放映的操作。

14.7.2 录制声音

使用 PowerPoint 2007 可以录制自己的声音,在一边播放幻灯片时一边讲解。下面将介绍录制声音的方法,如图 14-87 ~ 图 14-91 所示。

| 素材文件 | 配套素材\第 14 章\素材文件\诗词欣赏 . pptx |
| 效果文件 | 配套素材\第 14 章\效果文件\诗词欣赏 . pptx |

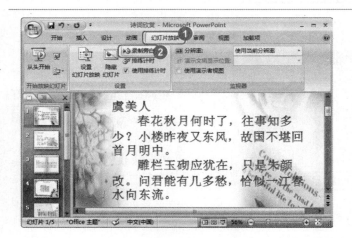

图 14-87

01 单击【录制旁白】按钮

No1 在选项卡区域中选择【幻灯片放映】选项卡。

No2 在【设置】组中单击【录制旁白】按钮。

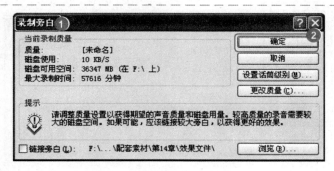
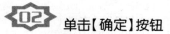

图 14-88

02 单击【确定】按钮

No1 弹出【录制旁白】对话框。

No2 单击【确定】按钮。

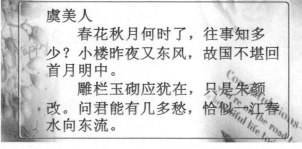

图 14-89

03 录制声音

开始放映幻灯片,对着麦克风开始录制声音。

图 14-90

单击【保存】按钮

放映结束后，弹出对话框，单击【保存】按钮 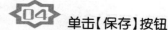。

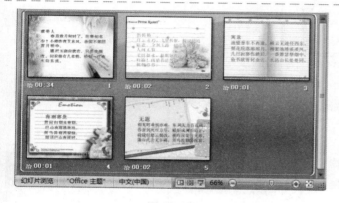

图 14-91

05 **完成录制声音**

通过以上方法即可完成在 PowerPoint 2007 中录制声音的操作。

14.7.3 插入图形

PowerPoint 2007 中自带了许多图形，可以在演示文稿中插入图形。下面将介绍插入图形的方法，如图 14-92~图 14-95 所示。

素材文件	配套素材\第 14 章\素材文件\放假通知 . pptx
效果文件	配套素材\第 14 章\效果文件\放假通知 . pptx

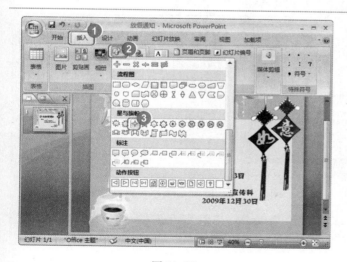

图 14-92

01 **选择准备插入的图形**

No 1 选择【插入】选项卡。

No 2 在【插图】组中单击【形状】按钮 。

No 3 在弹出的下拉菜单中选择准备应用的形状，如"十字星"。

图 14-93

02 设置图形样式

No1 在工作区中插入图形,并调整大小。

No2 选择【格式】选项卡。

No3 在【形状样式】组中选择准备应用的形状样式,如选择"彩色轮廓 – 强调文字颜色6"。

图 14-94

03 调整图形位置

将设置完成的图形单击并拖动至目标位置,到达目标位置后释放鼠标左键。

图 14-95

04 完成插入图形

按照同样的方法再次插入形状。通过以上方法即可完成插入图形的操作。

第 15 章
与 Internet 的会面

本章内容导读

本章介绍有关 Internet 的知识,包括认识 Internet、认识 IE 浏览器、浏览网页、搜索网络信息、保存网页中的内容和收藏网页的方法。在本章的最后还以删除收藏夹中的内容和设置主页为例,练习使用 Internet 的方法。通过本章的学习,读者可以初步掌握使用 Internet 的知识,为进一步学习电脑知识奠定基础。

本章知识要点

- ☑ **认识 Internet**
- ☑ **认识 IE 浏览器**
- ☑ **浏览网页**
- ☑ **搜索网络信息**
- ☑ **保存网页中的内容**
- ☑ **收藏网页**

认识 Internet

本节导读

Internet 也称因特网，是由使用公共网络的计算机连接而成的全球网络。如果自己的电脑连接到了因特网，便可以查阅资料和休闲娱乐等。 本节将介绍有关 Internet 的知识。

15.1.1 Internet 的用途

Internet 是全球信息的总汇,用于互相交流资源,使用 Internet 可以查阅资料、收发电子邮件、看电影、听音乐和购物等,下面将具体介绍。

1. 查阅资料

网络中的资源丰富,使用 Internet 可以上网查阅需要的资料,如上网查阅文学、医学和计算机方面的资料。图 15-1 所示为使用 Internet 查到的历史人物资料。

2. 收发电子邮件

在网上申请了电子邮箱后,即可收发电子邮件同亲朋好友进行交流。可以申请的电子邮箱有网易、新浪、雅虎、QQ、MSN 和搜狐等,图 15-2 所示为网易电子邮箱。

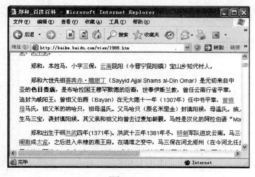

图 15-1

图 15-2

3. 看电影听音乐

在网上可以在线看电影和听音乐等,可以查询到最新或经典的电影和音乐,如图 15-3 所示。

4. 购物

在网上通过网络交易平台,可以购买物品,网络交易平台包括淘宝、易趣、拍拍和百度有啊等。图 15-4 所示为淘定网络交易平台。

图 15-3

图 15-4

15.1.2 选择上网方式

与网络连接的方式有很多种,包括电话拨号上网、ISDN 上网和 ADSL 上网等,下面将具体进行介绍。

1. 电话拨号上网

电话拨号上网需要一台调制解调器,并且速率在 14.4 Kbps 以上,目前多数采用 33.6 Kbps 或 56 Kbps 的调制解调器。

2. ISDN 上网

ISDN 是综合业务数字网,是一种电路交换网络系统,具有多种业务兼容、数字传输、标准化接口、使用方便、终端移动和费用低廉等特点。

3. ADSL 上网

ADSL 上网是一种新的数据传输方式,可以一边打电话一边上网,而不影响上网的速率和通话的质量。

Section
15.2 认识 IE 浏览器

本节导读

IE 浏览器全称为 Internet Explorer,是微软公司推出的网页浏览器,可以使用 IE 浏览器对网上的信息进行浏览。 本节将介绍启动、退出 IE 浏览器和认识 IE 浏览器界面等知识。

15.2.1　启动 IE 浏览器

　　如果准备使用 IE 浏览器，应先将 IE 浏览器启动。下面将介绍在 Windows XP 系统中启动 IE 浏览器的方法，如图 15-5 与图 15-6 所示。

01 选择【Internet】菜单项

No1　在 Windows XP 系统桌面上单击【开始】按钮 。

No2　在弹出的开始菜单中选择【Internet】菜单项。

图 15-5

02 完成启动 IE 浏览器

　　通过以上方法即可在 Windows XP 系统中启动 IE 浏览器的操作。

图 15-6

教你一招

双击 IE 浏览器

　　如果 Windows XP 系统桌面上双击【Internet Explorer】图标也可以启动 IE 浏览器。

15.2.2　退出 IE 浏览器

　　如果不准备使用 IE 浏览器应将其退出，以节省系统资源。下面将介绍在 Windows XP 系统中退出 IE 浏览器的方法，如图 15-7 所示。

图 15-7

15.2.3 认识 IE 浏览器界面

IE 浏览器的工作界面包括标题栏、菜单栏、工具栏、地址栏、网页浏览窗口和状态栏等,如图 15-8 所示。

图 15-8

Section
15.3 浏览网页

本节导读

使用 IE 浏览器可以浏览网页,打开准备查看的信息窗口,通过输入网址,打开信息界面,并通过超链接浏览网页。本节将介绍使用 IE 浏览器打开网页和浏览网页的方法。

15.3.1 打开网页

每个网页都有其固定的网址,在准备对一个网页进行浏览时需要先打开网页。下面将介绍打开网页的方法,如图 15-9 与图 15-10 所示。

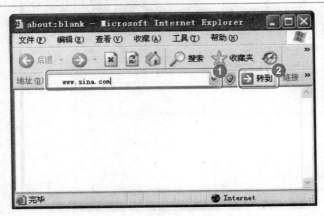

图 15-9

01 单击【转到】按钮

No1 启动 IE 浏览器,在地址栏中输入准备打开的网址,如输入"www.sina.com"。

No2 单击【转到】按钮 ➡ 转到。

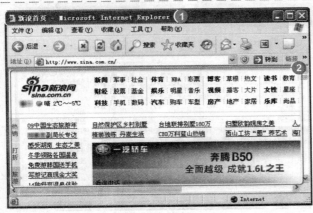

图 15-10

02 完成打开网页

No1 通过以上方法即可完成使用 IE 浏览器打开网页。

No2 在网页浏览窗口中即可浏览网页。

举一反三

在 IE 浏览器的地址栏中输入网址后,在键盘上按下〈Enter〉键也可以打开网页。

教你一招

使用快捷键新建网页

打开一个窗口后可以在键盘上按下组合键〈Ctrl〉+〈N〉打开一个新窗口,并输入新的网址打开新的网页。

15.3.2 使用超链接浏览网页

使用超链接可以浏览更多的网页,如新闻、科技、体育、娱乐、空间和论谈等,下面将介绍使用超链接浏览网页的方法,如图 15-11 与图 15-12 所示。

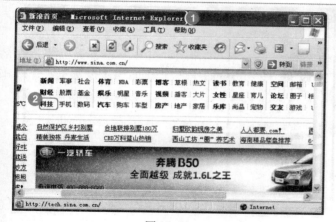

图 15-11

01 单击【科技】超链接

No1 打开准备浏览的网页，如新浪首页。

No2 单击【科技】超链接。

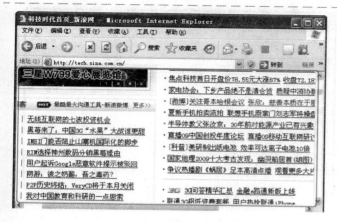

图 15-12

02 完成使用超链接浏览网页

通过以上方法即可完成使用 IE 浏览器的超链接功能浏览网页的操作。

Section

15.4　搜索网络信息

本节导读

　　使用 IE 浏览器可以搜索网络信息，如健康常识、地图、车票、航次、热点新闻、供求信息、股市行情、娱乐信息和汽车等。本节将介绍有关搜索网络信息的知识。

15.4.1　搜索网络信息

　　在网上可以搜索网络信息，下面以搜索"健康常识"为例，具体介绍搜索网络信息的方法，如图 15-13 与图 15-14 所示。

图 15-13

01 输入搜索信息

No1 打开准备查询健康信息的网站,在【搜索】文本框中输入准备查询的信息。

No2 单击【搜索】按钮 搜索 →。

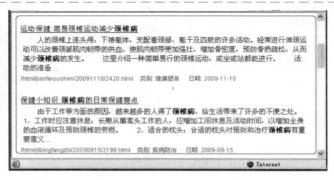

图 15-14

02 完成搜索信息

通过以上方法即可完成使用 IE 浏览器搜索信息的操作。

15.4.2 缩小搜索范围

如果在搜索引擎中搜索的关键词过大,搜索出的信息过多,可以进行进一步地缩小范围搜索,下面将介绍具体的方法,如图 15-15 与图 15-16 所示。

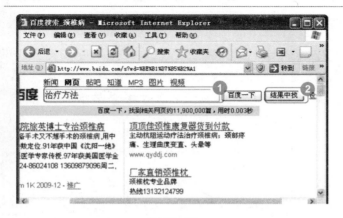

图 15-15

01 单击【结果中找】按钮

No1 在百度搜索引擎中搜索信息后,在【搜索】文本框中输入缩小范围的关键词。

No2 单 击 【 结 果 中 找 】 按钮 结果中找。

图 15-16

02　完成缩小搜索范围

通过以上方法即可完成缩小搜索范围的操作。

Section
15.5　保存网页中的内容

本节导读

使用 IE 浏览器浏览网页时，如果遇到有用的信息，如图片和文本等，可以将其保存下来，并在需要时打开欣赏。本节将介绍保存网页中图片与文本的方法。

15.5.1　保存图片

在浏览网页时，如果遇到自己喜欢的图片，可以使用 IE 浏览器将其保存下来。下面将介绍保存图片的方法，如图 15-17 ~ 图 15-19 所示。

图 15-17

01　选择【图片另存为】菜单项

No1　打开准备保存的图片网页窗口，右键单击准备保存的图片。

No2　在弹出的快捷菜单中选择【图片另存为】菜单项。

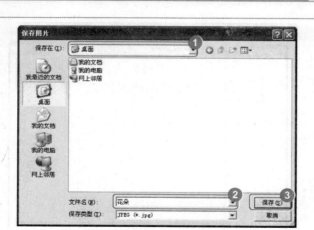

图 15-18

02 保存图片

No1 弹出【保存图片】对话框，选择准备保存的位置。

No2 在【文件名】文本框中输入准备保存的名称，如"花朵"。

No3 单击【保存】按钮 保存(S) 。

图 15-19

03 完成保存图片

通过以上方法即可完成保存网页中图片的操作。

15.5.2 保存网页中的文本

在网上阅读文章时，如果遇到自己喜欢的文章可以将其保存下来。下面将介绍保存网页中文本的方法，如图 15-20 ~ 图 15-22 所示。

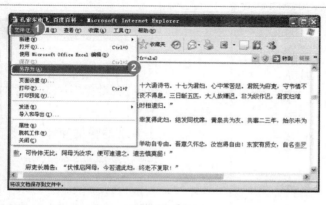

图 15-20

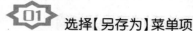

01 选择【另存为】菜单项

No1 打开准备保存文本的网页，选择【文件】主菜单。

No2 在弹出的下拉菜单中选择【另存为】菜单项。

图 15-21

图 15-22

02 单击【保存】按钮

No1 弹出【保存网页】对话框，选择准备保存的位置。

No2 在【文件名】文本框中输入准备保存的名称，如"孔雀东南飞"。

No3 单击【保存】按钮 保存(S)。

03 完成保存网页中的文本
通过以上方法即可完成保存网页中文本的操作。

Section
15.6 收藏网页与使用收藏夹

如果喜欢一个网页，可以将其收藏，利用收藏夹再次打开，并可以同亲朋好友分享。 本节将介绍有关使用 IE 浏览器收藏网页和使用收藏夹打开网页的方法。

15.6.1 收藏网页

如果遇到自己喜欢的网页或有用的网页，可以将其收藏，以便再次使用。下面将介绍收藏网页的方法，如图 15-23 ~ 图 15-25 所示。

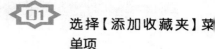

图 15-23

01 选择【添加收藏夹】菜单项

No1 打开准备收藏的网页,选择【收藏】主菜单。

No2 在弹出的下拉菜单中选择【添加收藏夹】菜单项。

图 15-24

02 单击【确定】按钮

弹出【添加到收藏夹】对话框,单击【确定】按钮 确定 。

图 15-25

03 完成添加收藏夹

No1 再次选择【收藏】主菜单。

No2 在弹出的下拉菜单中即可显示收藏的网页。

15.6.2 使用收藏夹打开网页

收藏网页后,可以利用收藏夹再次打开网页。下面以打开"百度"网页为例,介绍使用收藏夹打开网页的方法,如图 15-26 与图 15-27 所示。

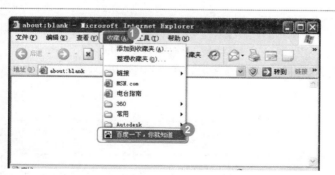

图 15-26

01 选择收藏的网页菜单项

No1 启动 IE 浏览器,选择【收藏】主菜单。

No2 在弹出的下拉菜单中选择【百度一下,你就知道】菜单项。

图 15-27

02 完成打开网页

通过以上方法即可完成使用收藏夹打开网页的操作。

Section 15.7　实践案例

本章介绍了有关 Internet 的知识，包括认识 Internet、认识 IE 浏览器、搜索网络信息、保存网页内容和收藏网页的方法。根据本章介绍的知识，下面以删除收藏夹中的内容和设置主页为例，练习使用 Internet 的方法。

15.7.1　删除收藏夹中的内容

如果收藏夹中的内容不需要了，或者收藏夹中的内容不存在了，可以将其删除。下面将介绍删除收藏夹中内容的方法，如图 15-28 与图 15-29 所示。

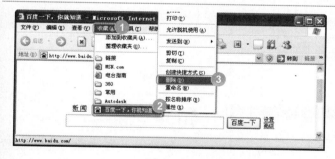

图 15-28

01 选择【删除】菜单项

No1 选择【收藏】主菜单。

No2 在弹出的下拉菜单中右键单击准备删除的网页菜单项。

No3 在弹出的快捷菜单中选择【删除】菜单项。

图 15-29

02 单击【是】按钮

弹出【确认文件删除】对话框，单击【是】按钮 即可删除网页地址。

15.7.2 设置主页

如果经常打开一个网页,可以将其设置为主页,避免重复输入网址的麻烦。下面将介绍设置主页的方法,如图 15-30 ~ 图 15-32 所示。

图 15-30

01 选择【Internet 选项】菜单项

No1 选择【工具】主菜单。

No2 在弹出的下拉菜单中选择【Internet 选项】菜单项。

图 15-31

02 设置主页

No1 弹出【Internet 选项】对话框,选择【常规】选项卡。

No2 在【主页】区域中的【地址】文本框中输入准备设置为主页的网址。

No3 单击【确定】按钮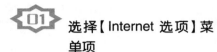。

图 15-32

03 完成设置主页

通过以上方法即可完成设置主页的操作,再次启动 IE 浏览器即可打开主页网址。

第 16 章

使用免费的网络资源

本章内容导读

　　本章介绍使用网络资源的方法，包括使用 WinRAR 压缩软件、使用 IE 浏览器和迅雷下载网络资源的方法。在本章的最后以带密码压缩文件和使用比特彗星为例，练习使用网络资源的方法。通过本章的学习，读者可以初步掌握使用免费网络资源的知识，为进一步学习电脑知识奠定基础。

本章知识要点

- ☑ **WinRAR 压缩软件**
- ☑ **下载网络资源**
- ☑ **带密码压缩文件**
- ☑ **使用比特彗星**

Section
16.1　WinRAR 压缩软件

本节导读

　　WinRAR 是一款强大的压缩软件，可以用于减少文件的大小和解压网上下载的压缩文件，并可解压缩 CAB、ARJ、LZH、TAR、GZ、ACE、UUE、BZ2、JAR、ISO、Z 和 7Z 等格式的文件。本节将介绍使用 WinRAR 压缩软件的方法。

16.1.1　压缩文件

　　如果一个文件占用电脑中的大量空间，可以使用 WinRAR 压缩软件将其压缩，减少其占用空间。下面将介绍使用压缩文件的方法，如图 16-1 ~ 图 16-3 所示。

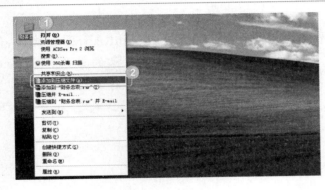

图 16-1

01　选择菜单项

No1　右键单击准备压缩的文件。

No2　在弹出的快捷菜单中选择【添加到压缩文件】菜单项。

图 16-2

02　压缩文件

No1　弹出【压缩文件名和参数】对话框，选择【常规】选项卡。

No2　在【压缩文件名】文本框中输入准备压缩的名称。

No3　单击【确定】按钮 ⌞ 确定 ⌟。

图 16-3

03 **完成压缩文件**

通过以上方法即可完成使用 WinRAR 压缩文件的操作。

16.1.2 解压缩文件

从网上下载的文件，一般都为压缩文件，需要解压缩后方可以使用。下面将介绍解压缩文件的方法，如图 16-4 ~ 图 16-6 所示。

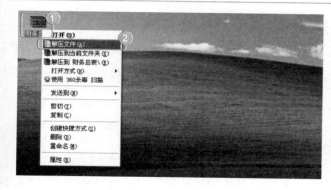

图 16-4

01 **选择【解压文件】菜单项**

No1 右键单击准备解压缩的文件。

No2 在弹出的下拉菜单中选择【解压文件】菜单项。

图 16-5

02 **解压文件**

No1 弹出【解压路径和选项】对话框，选择【常规】选项卡。

No2 在列表框中选择准备解压缩的路径。

No3 单击【确定】按钮 。

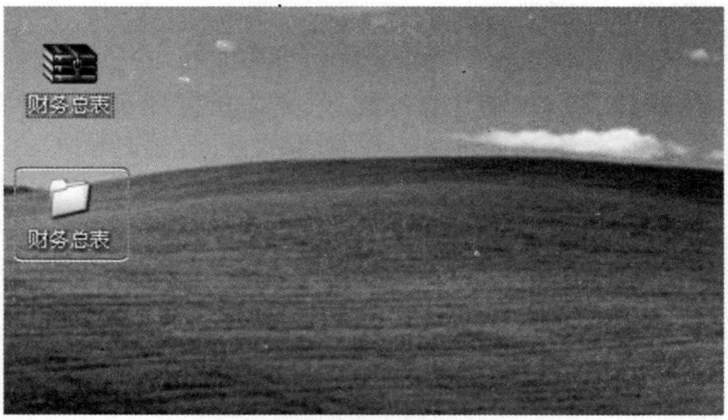

图 16-6

03 完成解压缩文件

通过以上方法即可完成解压缩文件的操作。

Section 16.2 下载网络资源

本节导读

网络中的资源非常丰富，如音乐、视频、图片、软件和学习资料等，可以使用 IE 浏览器或下载软件进行下载。本节将介绍使用 IE 浏览器和迅雷下载网络资源的方法。

16.2.1 使用 IE 浏览器下载

使用 IE 浏览器可以下载网络中的资源，下面以下载“do re mi”为例，介绍使用 IE 浏览器下载的方法，如图 16-7 ~ 图 16-9 所示。

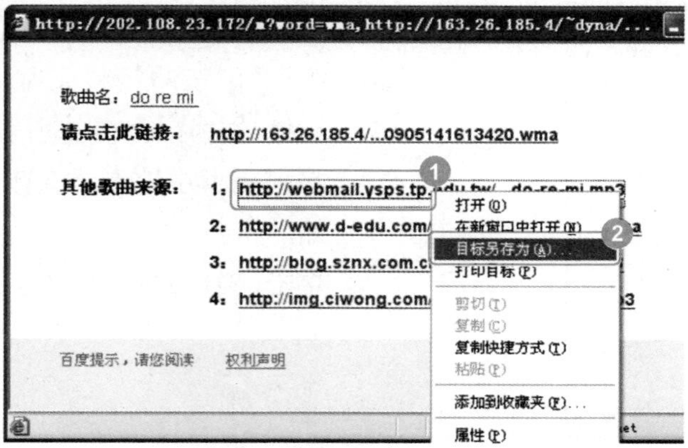

图 16-7

01 选择【目标另存为】菜单项

No1 鼠标右键单击准备下载的超链接。

No2 在弹出的快捷菜单中选择【目标另存为】菜单项。

图 16-8

02 单击【保存】按钮

No1 弹出【另存为】对话框,选择准备保存的目标位置。

No2 在【文件名】文本框中输入准备保存的名称。

No3 单击【保存】按钮 保存(S)。

图 16-9

03 完成保存文件

通过以上方法即可完成保存文件的操作。

16.2.2 使用迅雷下载

迅雷是一款可以网上下载的工具软件,具有下载速度快和支持断点续传等功能。下面将介绍使用迅雷下载的方法,如图 16-10 ~ 图 16-12 所示。

图 16-10

01 单击超链接

No1 在迅雷狗狗影视网页中打开下载比特彗星的页面。

No2 在【下载资源】区域中单击准备下载的超链接。

图 16-11

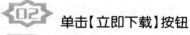
单击【立即下载】按钮

No1 弹出【建立新的下载任务】
对话框,在【文件名称】文
本框中输入准备保存的
名称。

No2 单击【立即下载】按钮
。

图 16-12

03 完成下载文件

No1 返回到迅雷界面,展开【已
下载】目录。

No2 通过以上方法即可完成下
载文件的操作。

Section

16.3 实践案例

本章导读

　　本章介绍了使用网络资源的方法,包括使用 WinRAR 压缩软件、使用 IE
浏览器和迅雷下载网络资源的方法。 根据本章介绍的知识,下面以带密码压
缩文件和使用比特彗星下载软件为例,练习使用网络资源的方法。

16.3.1 带密码压缩文件

　　如果害怕自己电脑中的文件丢失,可以将文件在压缩时加上密码。下面将介绍带密码压缩文件的方法,如图 16-13 ~ 图 16-15 所示。

| 素材文件 | 配套素材\第 16 章\素材文件\公司资料 |
| 效果文件 | 配套素材\第 16 章\效果文件\公司资料 . rar |

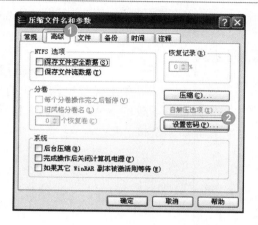

图 16-13

01 单击【设置密码】按钮

No1 打开【压缩文件名和参数】对话框,选择【高级】选项卡。

No2 单击【分卷】区域右侧的【设置密码】按钮 设置密码(P)... 。

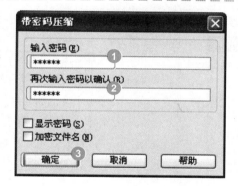

图 16-14

02 设置压缩密码

No1 弹出【带密码压缩】对话框,在【输入密码】文本框中输入压缩的密码。

No2 在【再次输入密码以确认】文本框中再次输入密码。

No3 单击【确定】按钮 确定 。

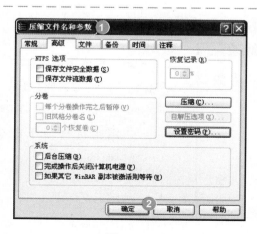

图 16-15

03 完成设置密码

No1 返回到【压缩文件名和参数】对话框。

No2 单击【确定】按钮 确定 。通过以上方法即可完成带密码压缩的操作。

16.3.2 　使用比特彗星下载软件

比特彗星是一款强大的下载软件,独有长效种子功能,可以提高下载的速度。下面将介绍使用比特彗星下载的方法,如图 16-16 ~ 图 16-18 所示。

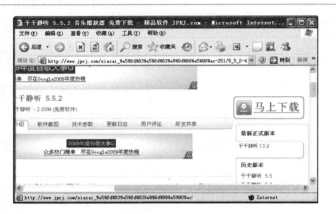

图 16-16

01 单击【马上下载】超链接

在比特彗星网站中打开准备下载的界面,单击【马上下载】超链接。

图 16-17

02 单击【立即下载】按钮

No1　弹出【新建 HTTP/FTP 下载任务】对话框,在【文件名】文本框中输入保存的名称。

No2　单击【立即下载】按钮

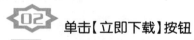
。

图 16-18

03 完成下载软件

No1　展开【已完成】目录。

No2　通过以上方法即可完成使用比特彗星下载软件的操作。

第 17 章

进入网络大家庭

本章内容导读

　　本章主要介绍有关网络的知识,包括使用 QQ 和 MSN 聊天、收发电子邮件、在网络社区中进行交流等。在本章的最后还针对实际的工作需求,讲解设置电子邮件信纸、使用 QQ 发送文件和在社区中加好友的方法。通过本章的学习,读者可以初步掌握有关网络方面的知识,为进一步学习电脑知识奠定基础。

本章知识要点

　　☑ **使用 QQ 聊天**
　　☑ **使用 MSN 聊天**
　　☑ **收发电子邮件**
　　☑ **在网络社区中进行交流**

17.1 使用 QQ 聊天

本节导读

　　QQ 是腾讯公司推出的一款即时通信软件，使用 QQ 可以与亲朋好友进行网络聊天、语音和视频等。　本节将介绍有关 QQ 的知识，包括申请 QQ 号码、登录 QQ 和与好友聊天等知识。

17.1.1 申请 QQ 号码

　　QQ 号码是进行 QQ 聊天的通行证,在申请时由系统随机选择,如果希望得到一个好的 QQ 号码,可以使用金钱购买。下面介绍申请免费 QQ 号码的方法,如图 17-1 ~ 图 17-6 所示。

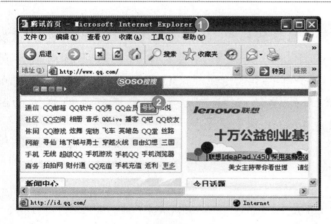

图 17-1

01　单击【号码】超链接

No1　在 IE 浏览器中输入腾讯首页的网址,如"www. qq. com"。

No2　在【通信】区域中单击【号码】超链接。

图 17-2

02　单击【立即申请】按钮

No1　打开【申请 QQ 账号】窗口,进入【IM QQ】界面。

No2　在【免费账号】区域中单击【立即申请】按钮。

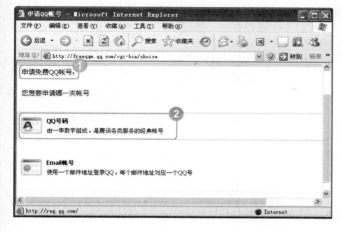

图 17-3

03 选择【QQ 号码】选项

No1 进入【申请免费 QQ 账号】界面。

No2 在【您想要申请哪一类账号】区域中选择【QQ 号码】选项。

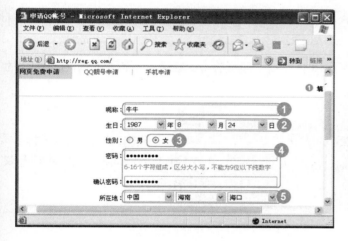

图 17-4

04 填写申请信息

No1 在【昵称】文本框中输入准备应用的名称。

No2 在【生日】下拉列表框中选择自己的出生日期。

No3 选中自己的性别单选项。

No4 在【密码】和【确认密码】文本框中输入设置的密码。

No5 在【所在地】下拉列表框中选择自己的所在地。

图 17-5

05 单击按钮

No1 在【验证码】文本框中输入【验证图片】中的字母。

No2 单击【确定 并同意以下条款】按钮。

图 17-6

06 **完成申请 QQ 号码**

No1 进入【申请成功】界面。

No2 显示申请到的 QQ 号码。通过以上方法即可完成申请 QQ 号码的操作。

17.1.2 登录 QQ

在电脑中安装了 QQ 软件并申请了 QQ 号码后,即可将 QQ 登录。下面将介绍登录 QQ 的方法,如图 17-7 ~ 图 17-9 所示。

图 17-7

01 **双击【腾讯 QQ】图标**

在 Windows XP 系统桌面上双击【腾讯 QQ】图标。

图 17-8

02 **单击【登录】按钮**

No1 弹出【QQ2009】对话框,在【账号】文本框中输入 QQ 号码。

No2 在【密码】文本框中输入登录的密码。

No3 单击【登录】按钮

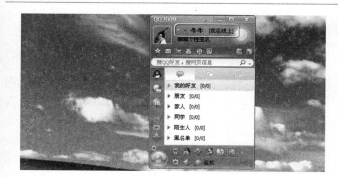

图 17-9

03 完成登录 QQ

通过以上方法即可完成登录 QQ 的操作。

17.1.3　查找与添加好友

新申请的 QQ 号码中,好友个数为零,如果知道好友的 QQ 号码可以将其加为好友。下面将介绍查找与添加好友的方法,如图 17-10 ~ 图 17-17 所示。

图 17-10

01 单击【查找】按钮

登录 QQ,在 QQ 页面下方单击【查找】按钮 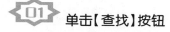。

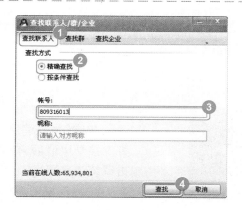

图 17-11

02 单击【查找】按钮

No1　弹出【查找联系人/群/企业】对话框,选择【查找联系人】选项卡。

No2　选中【精确查找】单选项。

No3　在【账号】文本框中输入好友的 QQ 号码。

No4　单击【查找】按钮 查找 。

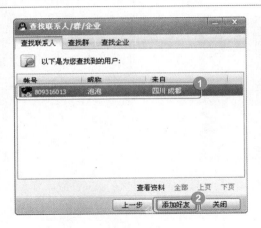

图 17-12

03 单击【查找】按钮

No1 进入【查找联系人】界面，在【以下是为您查找到的用户】区域中显示查找到的联系人。

No2 单击【添加好友】按钮添加好友。

图 17-13

04 单击【确定】按钮

No1 弹出【添加好友】对话框，在【请输入验证信息】区域中输入验证的信息。

No2 单击【确定】按钮确定。

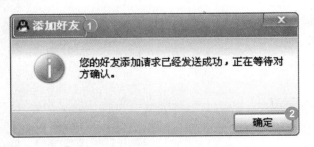

图 17-14

05 单击【确定】按钮

No1 弹出提示信息，已向好友发出请求，等待对方确认。

No2 单击【确定】按钮确定。

图 17-15

06 单击【系统消息】图标

好友接受申请后，在通知区域中单击系统消息图标。

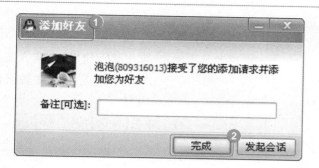

图 17-16

07 单击【完成】按钮

No1 弹出【添加好友】对话框,提示好友接受了请求。

No2 单击【完成】按钮 。

图 17-17

08 完成添加好友

通过以上方法即可完成添加好友的操作。

17.1.4　与好友进行文字聊天

将好友加入 QQ 后,如果好友的头像亮了,可以使用 QQ 软件与其进行聊天。下面将介绍与好友聊天的方法,如图 17-18 ~ 图 17-20 所示。

图 17-18

01 选择【发送即时消息】菜单项

No1 登录 QQ 后,用鼠标右键单击好友的头像。

No2 在弹出的快捷菜单中选择【发送即时消息】菜单项。

图 17-19

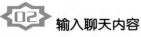

输入聊天内容

No1 弹出聊天窗口,在输入文本窗口中输入与好友聊天的内容。

No2 单击【发送】按钮。

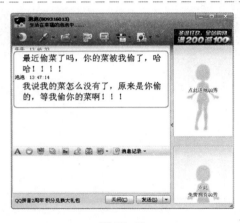

图 17-20

与好友聊天

好友回复了发送的信息。通过以上方法即可与好友进行聊天。

举一反三

默认情况下,输入信息后,在键盘上按下组合键〈Ctrl〉+〈Enter〉即可快速的发送信息。

Section

17.2 使用 MSN 聊天

MSN 是微软公司的即时通信工具,使用 MSW 可以与好友聊天、语音和视频,可以在 MSN 的官方网站上下载 MSN 软件。本节将介绍申请 MSN 号码、添加联系人和与好友聊天的方法。

17.2.1 申请 MSN 号码

MSN 号码是 MSN 软件的通行证,使用 MSN 号码可以进行网上聊天。下面将介绍申请 MSN 号码的方法,如图 17-21 ~ 图 17-24 所示。

图 17-21

01 输入聊天内容

No1 在 IE 浏览器输入 MSN 中国首页的网址，如输入"www. msn. com. cn"。

No2 在【MSN 官方推荐】区域中单击【注册 MSN 账号】超链接。

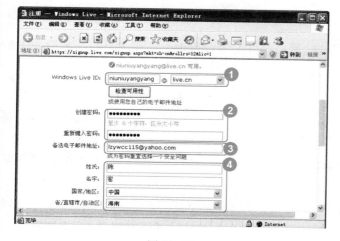

图 17-22

02 输入申请信息

No1 进入【注册】界面，在【Windows Live ID】区域中输入用户名。

No2 在【创建密码】和【重新键入密码】文本框中输入密码。

No3 在【备选电子邮件地址】区域中输入邮箱地址。

No4 输入姓氏、名字、国家和省市等信息。

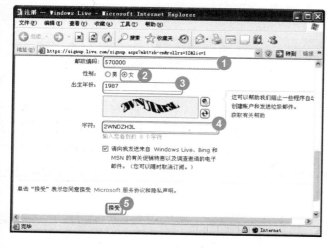

图 17-23

03 输入申请信息

No1 在【邮政编码】文本框中输入所在城市的邮政编码。

No2 选中自己的性别单选项。

No3 在【出生年份】文本框中输入出生年份。

No4 在【字符】文本框中输入上图中的字母。

No5 单击【接受】按钮 接受 。

图 17-24

04 **完成申请 MSN 账号**

打开【主页】窗口,进入【Windows Live】界面。通过以上方法即可完成申请 MSN 账号的操作。

17.2.2 添加联系人

登录 MSN 后即可在 MSN 中添加好友,然后与好友进行聊天。下面将介绍添加联系人的方法,如图 17-25 ~ 图 17-28 所示。

图 17-25

01 **选择【添加联系人】菜单项**

No1 登录 MSN 后,单击【添加联系人或群】按钮 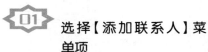。

No2 在弹出的下拉菜单中选择【添加联系人】菜单项。

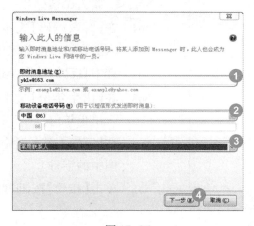

图 17-26

02 **输入好友信息**

No1 在【即时消息地址】文本框中输入好友的邮箱地址。

No2 在【移动设备电话号码】下拉列表中选择所在国家。

No3 在【添加到组】下拉列表框中选择添加到的组。

No4 单击【下一步】按钮 下一步(N)。

图 17-27

单击【发送邀请】按钮

No1 进入【向 yklw@163.com 发送邀请】界面,在【显示您的个人消息】文本框中输入邀请信息。

No2 单击【发送邀请】按钮 。

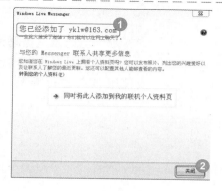

图 17-28

04 **完成发送邀请**

No1 进入【您已添加了 yklw@163.com】界面。

No2 单击【关闭】按钮 关闭 。当对方将自己加为好友后,即可与好友进行聊天。

17.2.3 与联系人进行文字聊天

当好友与自己同时在线时,即可与好友进行沟通,文字聊天。下面将介绍与好友进行文字聊天的方法,如图 17-29 ~ 图 17-31 所示。

图 17-29

01 **选择【发送即时消息】菜单项**

No1 用鼠标右键单击好友头像。

No2 在弹出的快捷菜单中选择【发送即时消息】菜单项。

图 17-30

 **输入聊天内容**

No1 弹出【yklw@163.com】对话框。

No2 在【输入信息】文本框中输入准备聊天的内容,在键盘上按下〈Enter〉键。

图 17-31

17.2.4 **更改显示图片**

默认情况下 MSN 为没有图片,可以设置系统的图标,也可将自己喜欢的图片作为头像。下面将介绍更改显示图片的方法,如图 17-32 ~ 图 17-34 所示。

图 17-32

03 **与好友进行聊天**

当好友回复信息时,即可与好友使用 MSN 进行聊天。

01 **选择【更改显示图片】菜单项**

No1 登录 MSN 后,单击图像右侧的下拉箭头。

No2 在弹出的下拉菜单中选择【更改显示图片】菜单项。

图 17-33

图 17-34

02 **选择应用的图片**

No1 弹出【显示图片】对话框，在【普通图片】列表框中选择准备应用的图片。

No2 单击【确定】按钮 确定 。

举一反三

登录 MSN 后，直接单击头像，也可以弹出【显示图片】对话框。

03 **完成更改图片**

通过以上方法即可完成更改显示图片的操作。

Section

17.3 收发电子邮件

本节导读

电子邮件也称 E-mail，是一种使用电子手段提供信息交换的通信方式，使用电子邮件可以与世界各地的朋友进行聊天。本节将介绍收发电子邮件的有关知识。

17.3.1 申请电子邮箱

一个完整的电子邮件地址由登录名、主机名和域名组成，格式为"登录名 @ 主机名 . 域名"。常用的电子邮箱包括网易、新浪、雅虎、搜狐、QQ 和 MSN 邮箱，使用邮箱前应申请电子邮箱,下面将介绍申请电子邮箱的方法,如图17-35～图17-39所示。

图 17-35

01 单击【立即注册】按钮

No1 在 IE 浏览器地址栏中输入网易 126 邮箱地址,如输入"www.126.com", 打开【126 网易免费邮】窗口。

No2 在【还没有 126 网易免费邮】右侧单击【立即注册】按钮 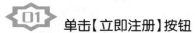。

图 17-36

02 输入账号信息

No1 进入【注册新用户】界面,在【创建您的账号】区域中输入准备应用的用户名。

No2 在【密码】文本框中输入准备设置的密码。

No3 在【再次输入密码】文本框中再次输入设置的密码。

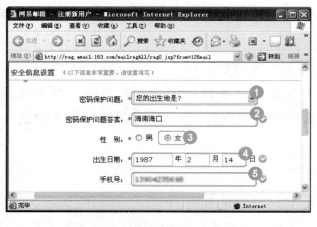

图 17-37

03 输入安全信息

No1 在【密码保护问题】下拉列表框中设置密码保护的问题。

No2 在【密码保护问题答案】文本框中输入答案。

No3 选中自己的性别单选项。

No4 输入自己的出生日期。

No5 输入自己的手机号码。

图 17-38

04 单击【创建账号】按钮

No 1 在【注册验证】区域的【请输入上边的字符】文本框中输入上方图片中的汉字。

No 2 默认选中【我已阅读并接受"服务条款"】复选框。

No 3 单击【创建账号】按钮 创建帐号。

图 17-39

05 完成申请电子邮箱

进入【注册成功】界面，在【恭喜您注册成功】区域中显示注册成功的账号，完成注册。

17.3.2 登录电子邮箱

如果准备使用电子邮箱与好友进行交流，需要先登录电子邮箱。下面将介绍登录电子邮箱的方法，如图 17-40 与图 17-41 所示。

图 17-40

01 登录电子邮箱

No 1 使用 IE 浏览器输入网址，如输入"mail.126.com"，在【用户名】文本框中输入登录的用户名。

No 2 在【密码】文本框中输入登录的密码。

No 3 单击【登录】按钮 登 录。

图 17-41

02 完成登录电子邮箱

通过以上方法即可完成登录电子邮箱的操作。

17.3.3　发送电子邮件

如果知道好友的电子邮箱地址,可以使用电子邮箱给好友发送信息。下面将介绍发送电子邮件的方法,如图 17-42 ~ 图 17-44 所示。

图 17-42

01 单击【写信】按钮

No1　在网易网站中登录电子邮箱。

No2　单击【写信】按钮 ✉ 写信。

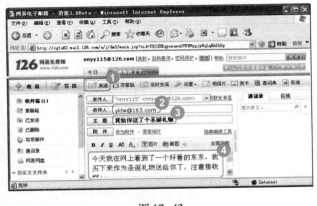

图 17-43

02 发送电子邮件

No1　进入【发送信息】界面,在【收件人】文本框中输入好友的邮箱地址。

No2　在【主题】文本框中输入发送邮件的中心内容。

No3　在【正文】文本框中输入信息内容。

No4　单击【发送】按钮 ✉ 发送。

图 17-44

03 完成发送邮件

通过以上方法即可完成发送电子邮件的操作。

17.3.4 接收电子邮件

好友收到电子邮件后，可以进行接收电子邮件，并进行回复，与好友交流。下面将介绍接收电子邮件的方法，如图 17-45 ~ 图 17-47 所示。

图 17-45

01 单击【收信】按钮

No1 在网易网站中登录 126 电子邮箱。

No2 单击【收信】按钮 。

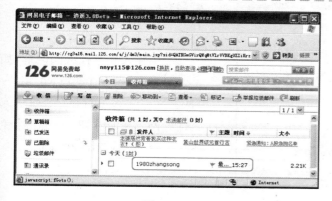

图 17-46

02 单击邮件超链接

进入【收件箱】界面，单击准备查看的电子邮件超链接。

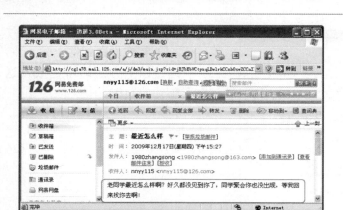

图 17-47

03 完成接受电子邮件

通过以上方法即可完成接受好友的电子邮件操作。

举一反三

登录邮箱后,选择【收件箱】选项也可以进入【收件箱】界面。

Section
17.4 在网络社区中进行交流

本节导读

网络社区是包括 BBS/论坛、贴吧、公告、在线聊天和个人空间等形式的网上交流空间,可以同不同地域的人就一个共同的话题进行交流。本节将介绍在网络社区中进行交流的方法。

17.4.1 注册社区账户

网络中的社区非常多,可以在社区中交友聊天。在使用社区之前,应先拥有该社区的账户,下面以注册"天涯"社区为例,介绍注册社区账户的方法,如图 17-48 ~ 图 17-55 所示。

图 17-48

01 单击【免费注册】按钮

No1 启动 IE 浏览器,在地址栏中输入天涯社区的网址,如输入"www.tianya.cn"。

No2 打开【天涯社区_全球华人网上家园】窗口,单击【免费注册】按钮 。

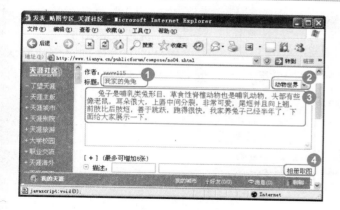

图 17-61

04 书写帖子内容

No1 在【标题】文本框中输入帖子的标题。

No2 在【类别选择】下拉列表框中选择帖子所属的类别。

No3 在文本框中输入帖子内容。

No4 单击【描述】文本框右侧的【相册取图】超链接。

图 17-62

05 上传图片

No1 弹出【插入图片】对话框，选择【社区相册】选项卡。

No2 在【请选择要上传的图片】文本框中输入图片地址。

No3 选中【创建新相册】单选项。

No4 在【相册名称】文本框中输入相册的名称。

No5 在【相册分类】下拉列表框中选择相册所属的类别。

No6 单击【确定】按钮 确定 。

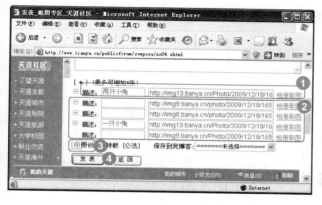

图 17-63

06 单击【发表】按钮

No1 在【描述】区域中添加了图片，单击【+】按钮增加图片区域。

No2 按照同样的方法再次传入图片。

No3 选中【原创】单选项。

No4 单击【发表】按钮 发表 。

339

图 17-64

17.4.4 查看帖子

社区中有五花八门的帖子,包括体育、音乐、电影、饮食、文学、IT 和旅游等方面。下面将介绍查看帖子的方法,如图 17-65 ~ 图 17-67 所示。

图 17-65

07 完成发表帖子

通过以上方法即可完成在天涯社区中发表帖子的操作。

01 单击【旅游休闲】超链接

进入【天涯论坛】界面,在【天涯旅游】区域中单击【旅游休闲】超链接。

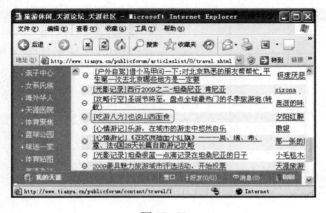

图 17-66

02 单击帖子超链接

进入【旅游休闲】界面,单击准备查看的帖子。

举一反三

在【专题】区域中单击【旅游休闲】超链接也可以进入【旅游休闲】界面。

图 17-67

03 查看社区帖子

通过以上方法即可完成在社区中查看帖子的方法。

举一反三

在帖子下方的【作者】文本框中可以对帖子的内容进行评价。

Section

17.5 实践案例

 本章导读

本章介绍了有关网络的知识，包括使用 QQ、使用 MSN、收发电子邮件和使用网络社区的方法。根据本章介绍的知识，下面以设置电子邮件信纸、使用 QQ 发送文件和在社区中加好友为例，练习使用网络的方法。

17.5.1 设置电子邮件信纸

默认情况下，电子邮件中没有信纸，可以根据收信人的不同，也可以根据个人的喜好对信纸进行设置，下面将介绍具体的方法，如图 17-68 与图 17-69 所示。

图 17-68

01 选择电子邮件信纸

No1 进入【写信】界面，选择【信纸】选项卡。

No2 选择准备应用的信纸，如"生日蛋糕"。

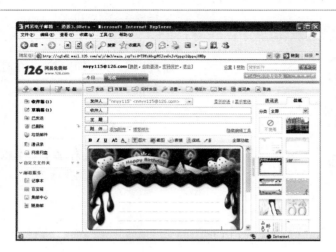

图 17-69

 完成设置信纸

通过以上方法即可完成设置信纸的操作。

 举一反三

在【信纸】选项卡中的【分类】下拉列表框中可以选择准备使用信纸的分类。

17.5.2　使用 QQ 发送文件

如果自己有文件准备与好友分享,可以给好友发送文件。下面将介绍使用 QQ 发送文件的操作,如图 17-70 ~ 图 17-72 所示。

素材文件	配套素材\第 17 章\素材文件\相册 . rar
效果文件	配套素材\第 17 章\效果文件\相册 . rar

图 17-70

 选择【发送文件】菜单项

No1　打开 QQ 聊天窗口,单击【传送文件】按钮 右侧的下拉箭头。

No2　在弹出的下拉菜单中选择【发送文件】菜单项。

 教你一招

发送离线文件

如果在发送文件时好友为不在线的状态,可以单击【传送文件】按钮 右侧的下拉箭头,选择【发送离线文件】菜单项,选择发送的文件进行发送操作。

图 17-71

02 选择传送文件

No1 弹出【打开】对话框，选择文件所在的位置。

No2 选择准备传送的文件。

No3 单击【打开】按钮 打开(0) 。

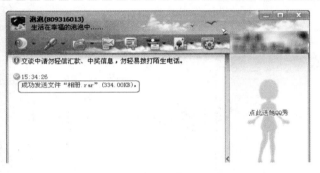

图 17-72

03 完成发送文件

通过以上方法即可完成使用QQ发送文件的操作。

17.5.3 在社区中加好友

在社区中可以将志同道合的朋友加为好友，也可以将自己的好友邀请加入到社区中。下面以"天涯"社区为例，介绍在社区中加好友的方法，如图17-73~图17-76所示。

图 17-73

01 单击【找朋友】超链接

打开【我的天涯】界面，在页面的下方单击【找朋友】超链接。

图 17-74

02 查找好友

No1 进入【找朋友】界面,在【社区 ID】文本框中输入好友社区中的名称。

No2 单击【提交】按钮 提交 。

No3 单击查找到的好友头像。

图 17-75

03 单击【加为好友】超链接

进入好友的界面,单击好友头像下方的【加为好友】超链接。

图 17-76

04 单击【确定】按钮

No1 弹出【加为好友】对话框。

No2 单击【确定】按钮 确定 ,待好友同意请求后即可将其加为好友。

第18章

常用电脑软件

本章内容导读

　　本章介绍有关使用常用软件的知识，包括使用 ACDSee、千千静听、暴风影音和 Windows 优化大师的方法。在本章的最后以使用 ACDSee 编辑图片和在暴风影音中调整影片播放速度为例，练习使用电脑软件的方法，通过本章的学习，读者可以初步掌握使用常用软件的知识，为进一步学习电脑知识奠定基础。

本章知识要点

　　☑ **ACDSee 看图软件**
　　☑ **千千静听播放软件**
　　☑ **暴风影音播放软件**
　　☑ **Windows 优化大师**

Section
18.1 ACDSee 看图软件

本节导读

ACDSee 是一款强大的看图软件，具有良好的操作界面，简单的图像操作，支持多种图形格式，可以查看大部分格式的图像。本节将介绍使用 ACDSee 看图软件的使用方法。

18.1.1 启动 ACDSee 软件

如果电脑中有图片需要进行浏览，可以先启动 ACDSee 看图软件，下面将介绍启动 ACDSee 看图软件的方法，如图 18-1 与图 18-2 所示。

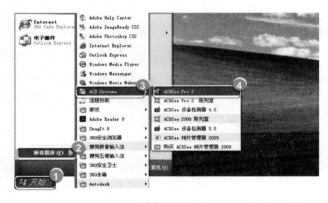

图 18-1

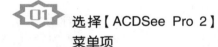

01 选择【ACDSee Pro 2】菜单项

No1　在 Windows XP 系统桌面上单击【开始】按钮 开始 。

No2　在弹出的开始菜单中选择【所有程序】菜单项。

No3　选择【ACD Systems】菜单项。

No4　选择【ACDSee Pro 2】菜单项。

图 18-2

02 完成启动 ACDSee 软件

通过以上方法即可完成启动 ACDSee 软件的操作。

18.1.2　浏览电脑中的图片

电脑中的图片可以通过 ACDSee 进行浏览,下面将介绍使用 ACDSee 浏览电脑中的图片的方法,如图 18-3 ~ 图 18-5 所示。

图 18-3

01 选择【浏览】菜单项

No1　启动 ACDSee,打开图片文件所在的位置,右键单击准备浏览图片所在的文件夹。

No2　在弹出的快捷菜单中选择【浏览】菜单项。

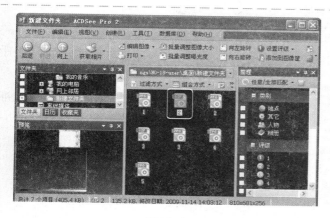

图 18-4

02 双击浏览的图片

展开图片所在文件夹后,双击准备浏览的图片。

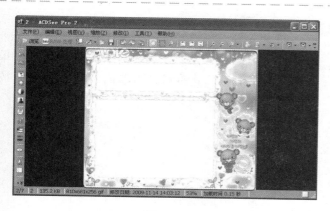

图 18-5

03 完成浏览图片

通过以上方法即可完成浏览图片的操作。

Section

18.2 千千静听播放软件

本节导读

千千静听是一款完全免费的音乐播放软件，支持多种音乐格式，包括 MP3、AAC/AAC +、M4A/MP4、WMA、APE、MPC、OGG、WAVE、CD、FLAC、RM、TTA、AIFF 和 AU 等。本节将介绍使用千千静听播放软件的方法。

18.2.1 播放声音文件

使用千千静听可以在线搜索并播放声音文件，下面以播放"starting today"为例，介绍播放声音文件的方法，如图 18-6 ~ 图 18-8 所示。

图 18-6

01 单击【搜索】按钮

No1 启动千千静听，选择【千千推荐】选项卡。

No2 在【搜索】文本框中输入准备搜索的歌曲名称。

No3 单击【搜索】按钮 搜索 。

图 18-7

02 单击【试听】按钮

在找到的歌曲名称区域中单击准备试听歌曲右侧的【试听】按钮。

图 18-8

03 试听歌曲

通过以上方法即可完成使用千千静听试听歌曲的操作。

18.2.2 创建播放列表

在千千静听中可以创建多个播放列表,将播放的歌曲分门别类放置。下面将介绍创建播放列表的方法,如图 18-9 ~ 图 18-11 所示。

图 18-9

01 选择【新建列表】菜单项

No1 启动千千静听后,选择【列表】主菜单。

No2 在弹出的下拉菜单中选择【新建列表】菜单项。

图 18-10

02 输入列表名称

新建了一个列表,列表名称呈编辑状态,在列表名称中输入准备命名的名称,在键盘上按下〈Enter〉键。

图 18-11

03 完成创建播放列表

03 完成创建播放列表

通过以上方法即可完成在千千静听中创建播放列表的操作。

Section

18.3 暴风影音播放软件

暴风影音是一款视频播放软件，支持多种视频格式，包括 RealMedia、QuickTime、MPEG2、MPEG4（ASP/AVC）、VP3/6/7、Indeo 和 FLV 等。本节将介绍使用暴风影音的方法。

18.3.1 播放视频文件

使用暴风影音可以在线搜索电影并在线进行观看。下面以播放"悲惨世界"为例,介绍播放视频文件的方法,如图 18-12 ~ 图 18-14 所示。

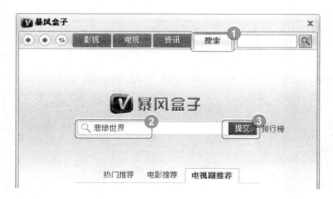

图 18-12

01 单击【提交】按钮

No.1 启动暴风影音后,选择【搜索】选项卡。

No.2 在【搜索】文本框中输入准备播放的视频文件名称。

No.3 单击【提交】按钮 提交 。

图 18-13

02 **单击【播放本专辑】按钮**

搜索结束后,在准备观看的电影区域中单击【播放本专辑】按钮。

图 18-14

03 **播放视频文件**

通过以上方法即可完成播放视频文件的操作。

18.3.2 调整播放进度

在播放电影时可以对电影的播放进度进行调节,下面将介绍在暴风影音中调整播放进行的方法,如图 18-15 与图 18-16 所示。

图 18-15

01 **调整播放进度**

打开准备调整播放进度的电影,在准备调整到的位置单击。

图 18-16

02 完成调整进度

通过以上方法即可完成调整播放进度的操作。

18.4　Windows 优化大师

Windows 优化大师可以适用于 Windows 98/2000/XP/Vista/Seven 操作系统，可以提供全面有效、简便安全的优化、清理和维护手段，使电脑系统保持最佳状态。 本节将介绍使用 Windows 优化大师的方法。

18.4.1　系统性能优化

系统性能优化包括磁盘缓存优化、桌面菜单优化、文件系统优化、网络系统优化和开机速度优化等，下面将介绍具体的方法，如图 18-17 与图 18-18 所示。

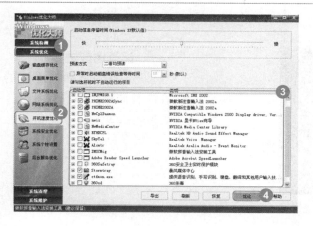

图 18-17

01 单击【优化】按钮

No1　启动 Windows 优化大师，选择【系统优化】选项。

No2　选择【开机速度优化】选项。

No3　在【请勾选开机时不自动运行的项目】区域选中复选框。

No4　单击【优化】按钮 。

图 18-18

02 完成系统优化

通过以上方法即可完成使用 Windows 优化大师进行系统优化的操作。

18.4.2 系统清理

系统清理包括注册信息清理、磁盘文件管理、软件智能卸载和历史痕迹清理等,下面将介绍进行系统清理的方法,如图 18-19 ~ 图 18-22 所示。

图 18-19

01 单击【扫描】按钮

No1 启动优化大师后,选择【系统清理】选项。

No2 选择【注册信息清理】选项。

No3 在【请选择要扫描的项目】区域中选择准备清理的项目。

No4 单击【扫描】按钮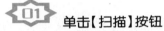。

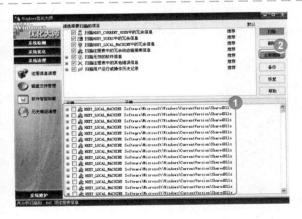

图 18-20

02 单击【全部删除】按钮

No1 在【主键】区域中显示准备清除的项目。

No2 在【默认】区域中单击【全部删除】按钮 全部删除 。

图 18-21

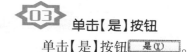

03 单击【是】按钮

单击【是】按钮。

图 18-22

04 单击【确定】按钮

单击【确定】按钮，完成优化操作。

18.5 实践案例

本章介绍了有关使用常用软件的知识，包括使用 ACDSee、千千静听、暴风影音和 Windows 优化大师的方法。 根据本章介绍的知识，下面以使用 ACDSee 编辑图片和在暴风影音中调整影片播放速度为例，练习使用常用软件的方法。

18.5.1 使用 ACDSee 编辑图片

在 ACDSee 中可以对图片的亮度、灰度、大小和角度进行调整，下面将介绍使用 ACDSee 编辑图片的方法，如图 18-23 ~ 图 18-26 所示。

 素材文件 配套素材\第 18 章\素材文件\花.jpg
效果文件 配套素材\第 18 章\效果文件\花.jpg

图 18-23

01 选择【编辑模式】菜单项

No1 打开准备编辑的图片，在工具栏中单击【编辑图像】按钮右侧的下拉箭头。

No2 在弹出的下拉菜单中选择【编辑模式】菜单项。

图 18-24

02 单击【裁剪】链接

打开【编辑面板：主菜单】任务窗格，单击【裁剪】链接。

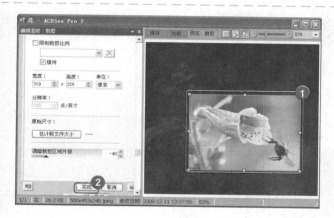

图 18-25

03 单击【完成】按钮

No1 在【预览】区域中调整准备裁剪的区域。

No2 单击【完成】按钮 完成 。

图 18-26

04 完成裁剪图片

通过以上方法即可完成裁剪图片的操作。

18.5.2 调整暴风影音的播放速度

在暴风影音软件中可以控制影片的播放速度，加快速度或减慢速度。下面将介绍调整暴风影音播放速度的方法,如图 18-27 与图 18-28 所示。

图 18-27

01 选择【减速播放】菜单项

No1 在暴风影音界面中单击【主菜单】按钮□。

No2 在弹出的下拉菜单中选择【播放】菜单项。

No3 选择【播放控制】菜单项。

No4 选择【减速播放】菜单项。

图 18-28

02 完成控制播放速度

通过以上方法即可完成控制播放速度的操作。

举一反三

在键盘上按下组合键〈Ctrl〉+〈↓〉可以减速播放影片;在键盘上按下组合键〈Ctrl〉+〈↑〉可以加速播放影片。

第 19 章

保护电脑安全

本章内容导读

本章介绍有关保护电脑的知识,包括系统维护、系统还原、保护数据、使用 Ghost 进行系统还原和查杀电脑病毒的方法。在本章的最后以开启 Windows 防火墙和设置 Internet 选项为例,练习保护电脑的方法。通过本章的学习,读者可以初步掌握保护电脑的知识,为进一步学习电脑知识奠定基础。

本章知识要点

- ☑ **系统维护**
- ☑ **系统还原**
- ☑ **保护数据**
- ☑ **使用 Ghost 进行系统还原**
- ☑ **查杀电脑病毒**

系统维护

本节导读

电脑运行一段时间后，会出现一些故障，需要进行维护，如磁盘清理和磁盘碎片整理，对系统进行维护可以增加电脑的使用寿命。 本节将介绍进行系统维护的方法。

19.1.1 磁盘清理

磁盘清理可清理电脑中的临时文件、Internet 缓存文件或文件程序等,下面将介绍磁盘清理的方法,如图 19-1 ~ 图 19-5 所示。

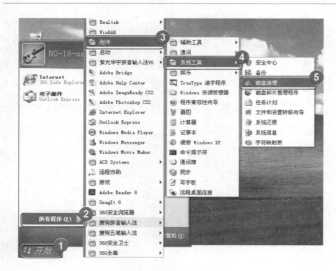

图 19-1

01 选择【磁盘清理】菜单项

No1 在 Windows XP 系统桌面上单击【开始】按钮 ⚑ 开始 。

No2 在弹出的开始菜单中选择【所有程序】菜单项。

No3 选择【附件】菜单项。

No4 选择【系统工具】菜单项。

No5 选择【磁盘清理】菜单项。

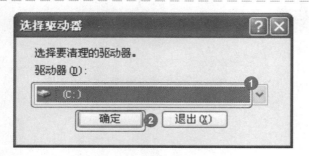

图 19-2

02 单击【确定】按钮

No1 弹出【选择驱动器】对话框,在【驱动器】下拉列表框中选择准备清理的磁盘。

No2 单击【确定】按钮 确定 。

图 19-3

03 选择删除的文件

No 1 弹出【(C:)的磁盘清理】对话框,选择【磁盘清理】选项卡。

No 2 在【要删除的文件】区域中选择准备清理的文件复选框。

No 3 单击【确定】按钮 确定 。

图 19-4

04 单击【是】按钮

弹出【(C:)的磁盘清理】对话框,单击【是】按钮 是(Y) 。

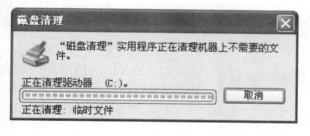

图 19-5

05 完成磁盘清理

弹出【磁盘清理】对话框,显示清理进度。通过以上方法即可完成磁盘清理。

 教你一招

利用【属性】对话框清理磁盘

打开【我的电脑】窗口,右键单击准备清理的磁盘,如"本地磁盘(C)",弹出【本地磁盘(C)属性】对话框,选择【常规】选项卡,单击【磁盘清理】按钮 磁盘清理(D) 即可根据提示进行磁盘清理。

19.1.2 磁盘碎片整理

电脑在操作一段时间后,由于频繁的复制粘贴产生了大量的磁盘碎片,可以通过磁盘碎片整理程序对碎片进行整理,下面将介绍具体的操作方法,如图 19-6 ~ 图 19-10 所示。

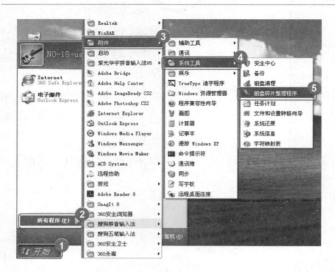

图 19-6

01 选择菜单项

No1 在 Windows XP 系统桌面上单击【开始】按钮

No2 在弹出的开始菜单中选择【所在程序】菜单项。

No3 选择【附件】菜单项。

No4 选择【系统工具】菜单项。

No5 选择【磁盘碎片整理程序】菜单项。

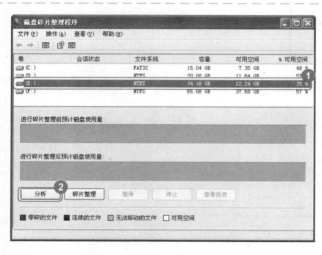

图 19-7

02 单击【分析】按钮

No1 打开【磁盘碎片整理程序】窗口,在【卷】区域中选择准备进行磁盘碎片整理的磁盘,如选择"本地磁盘(E)"。

No2 单击【分析】按钮 分析 。

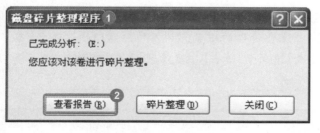

图 19-8

03 单击【查看报告】按钮

No1 弹出【磁盘碎片整理程序】对话框。

No2 单击【查看报告】按钮 查看报告(R) 。

图 19-9

04 单击【碎片整理】按钮

No1 弹出【分析报告】对话框，在【最零碎的文件】区域中可以查看准备整理的碎片程序。

No2 单击【碎片整理】按钮 碎片整理(D)。

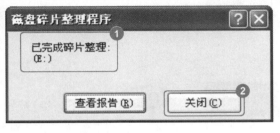

图 19-10

05 单击【关闭】按钮

No1 开始对磁盘进行整理，整理结束后，弹出【磁盘碎片整理程序】对话框。

No2 单击【关闭】按钮 关闭(C) 即可结束碎片整理。

 教你一招

加快磁盘碎片整理的速度

一些应用程序在运行的过程中可能反复地读取硬盘中的数据，影响了碎片整理程序的工作，如果系统处于不稳定的情况下还会导致死机，为了加快磁盘碎片整理的速度，最好将正在运行的程序关掉。

 Section

19.2 系统还原

 本节导读

Windows XP 系统中提供了创建系统还原点的功能，将系统安全运行时进行备份，在系统出现故障时对其进行还原。本节将介绍有关创建系统还原点和还原系统的方法。

19.2.1　创建系统还原点

在系统运行正常时,可以在电脑中创建系统还原点,以便在系统出现故障时进行还原。下面将介绍创建系统还原点的方法,如图 19-11 ~ 图 19-14 所示。

图 19-11

01　选择【系统还原】菜单项

No1　在 Windows XP 系统桌面上单击【开始】按钮 ⊞ 开始 。

No2　在弹出的开始菜单中选择【所有程序】菜单项。

No3　选择【附件】菜单项。

No4　选择【系统工具】菜单项。

No5　选择【系统还原】菜单项。

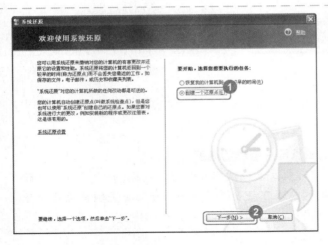

图 19-12

02　单击【下一步】按钮

No1　弹出【系统还原】对话框,在【要开始,选择您想要执行的任务】区域中选中【创建一个还原点】单选项。

No2　单击【下一步】按钮 下一步(N) > 。

教你一招

开启系统还原

　　如果进行系统还原时弹出无法还原的对话框,可以在 Windows XP 系统桌面上右键单击【我的电脑】图标,在弹出的快捷菜单中选择【属性】菜单项,弹出【系统属性】对话框,选择【系统还原】选项卡,取消选中【在所有驱动器上关闭系统还原】复选框,单击【确定】按钮 确定 即可开启系统还原功能。

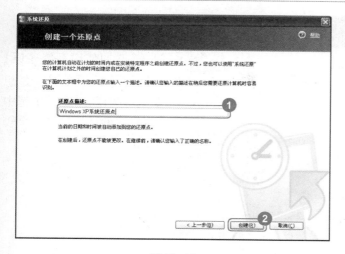

图 19-13

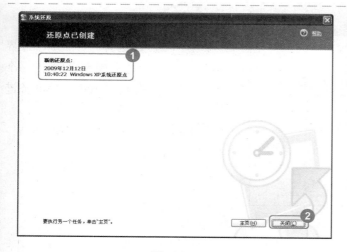

图 19-14

03 单击【创建】按钮

No1 进入【创建一个还原点】界面,在【还原点描述】文本框中输入准备创建的名称,如"Windows XP 系统还原点"。

No2 单击【创建】按钮 创建(R)。

04 完成创建还原点

No1 进入【还原点已创建】界面,显示创建的还原点。

No2 单击【关闭】按钮 关闭(C) 退出系统还原。

举一反三

如果准备执行其他操作,可以单击【主页】按钮 主页(H) 返回到【欢迎使用系统还原】界面。

 教你一招

设置系统还原

打开【系统属性】对话框,选择【系统还原】选项卡,在【可用的驱动器】列表框中选择准备设置的磁盘,单击【设置】按钮 设置(S)... ,弹出【驱动器设置】对话框,在【要使用的磁盘空间】区域中调节滑块,可以设置系统还原占用的磁盘空间。

19.2.2 还原系统

电脑出现故障后,可以通过创建的系统还原点进行系统还原。下面将介绍在 Windows XP 系统中进行还原的方法,如图 19-15 ~ 图 19-18 所示。

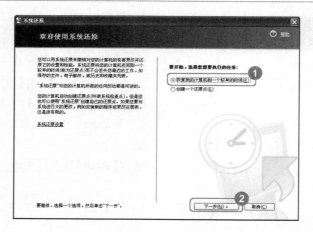

图 19-15

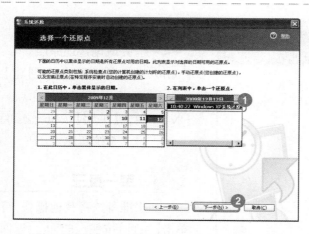

图 19-16

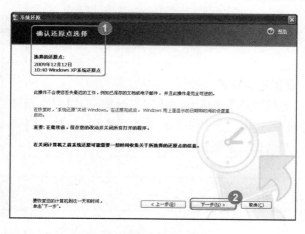

图 19-17

01 单击【下一步】按钮

No1 进入【欢迎使用系统还原】
界面,在【要开始,选择您想
要执行的任务】区域中选中
【恢复我的计算机到一个较
早的时间】单选项。

No2 单击【下一步】按钮
下一步(N) > 。

02 单击【下一步】按钮

No1 进入【选择一个还原点】界
面,在【在列表中,单击一个
还原点】区域中选择准备进
行还原的还原点。

No2 单击【下一步】按钮
下一步(N) > 。

03 单击【下一步】按钮

No1 进入【确认还原点选择】界
面,提示选择的还原点、日
期和时间。

No2 单击【下一步】按钮
下一步(N) > 。

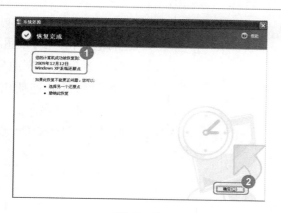

图 19-18

04 完成系统还原

No1 重新启动电脑,进入【恢复完成】界面,提示计算机被还原到系统还原点。

No2 单击【确定】按钮 确定(O)。

Section
19.3

保护数据

本节导读

如果电脑中有重要的数据,可以将其备份,防止数据丢失,如果数据丢失可以进行还原数据操作,恢复数据。 本节将介绍在 Windows XP 系统中保护数据的方法。

19.3.1 备份数据

电脑中的重要数据可以通过备份数据功能进行备份,以免丢失。下面将介绍备份数据的方法,如图 19-19 ~ 图 19-28 所示。

图 19-19

01 选择【备份】菜单项

No1 在 Windows XP 系统桌面上单击【开始】按钮 开始。

No2 在弹出的开始菜单中选择【所有程序】菜单项。

No3 选择【附件】菜单项。

No4 选择【系统工具】菜单项。

No5 选择【备份】菜单项。

图 19-20

02 单击【下一步】按钮

No1 弹出【备份或还原向导】对话框,进入【欢迎使用备份或还原向导】界面。

No2 单击【下一步】按钮[下一步(N) >]。

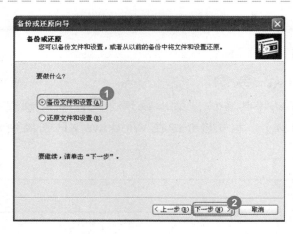

图 19-21

03 单击【下一步】按钮

No1 进入【备份或还原】界面,在【要做什么】区域中选中【备份文件和设置】单选项。

No2 单击【下一步】按钮[下一步(N) >]。

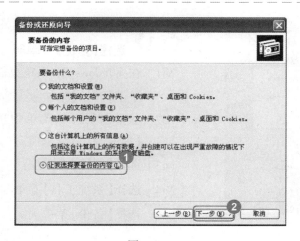

图 19-22

04 单击【下一步】按钮

No1 进入【要备份的内容】界面,在【要备份什么】区域中选中【让我选择要备份的内容】单选项。

No2 单击【下一步】按钮[下一步(N) >]。

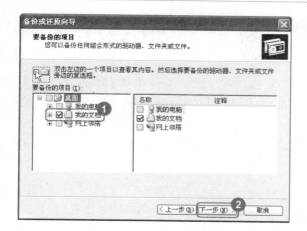

图 19-23

05 单击【下一步】按钮

No1 进入【要备份的项目】界面,在【要备份的项目】区域中选中准备备份数据的复选框。

No2 单击【下一步】按钮 下一步(N) >。

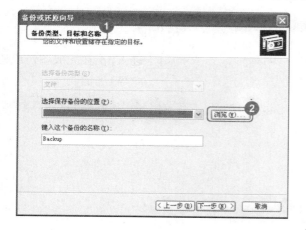

图 19-24

06 单击【浏览】按钮

No1 进入【备份类型、目标和名称】界面。

No2 单击【选择保存备份的位置】下拉列表框右侧的【浏览】按钮 浏览(W)...。

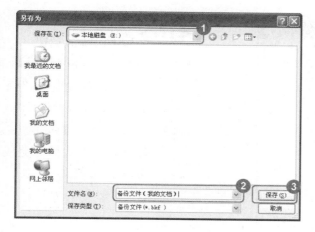

图 19-25

07 单击【保存】按钮

No1 弹出【另存为】对话框,选择准备保存的位置。

No2 在【文件名】文本框中输入准备保存的名称。

No3 单击【保存】按钮 保存(S)。

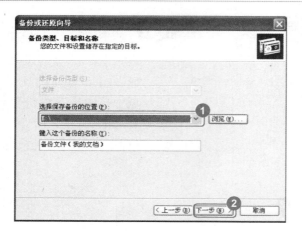

图 19-26

08 单击【下一步】按钮

No1 返回到【备份类型、目标和名称】界面,在【选择保存备份的位置】区域中显示保存的位置。

No2 单击【下一步】按钮[下一步(N) >]。

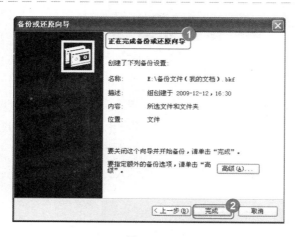

图 19-27

09 单击【完成】按钮

No1 进入【正在完成备份或还原向导】界面。

No2 单击【完成】按钮[完成]。

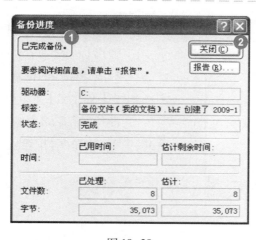

图 19-28

10 单击【关闭】按钮

No1 弹出【备份进度】对话框,显示备份的进度,备份完成后显示已完成备份信息。

No2 单击【关闭】按钮[关闭(C)]。通过以上方法即可完成备份数据的操作。

打开【备份或还原向导】对话框

　　打开备份文件所在的文件夹,右键单击备份的文件图标,在弹出的快捷菜单中选择【打开】菜单项也可以弹出【备份或还原向导】对话框。

19.3.2　还原数据

　　还原数据可以将损坏或丢失的数据进行还原,下面以还原"我的文档"为例,介绍还原数据的方法,如图 19-29 ~ 图 19-33 所示。

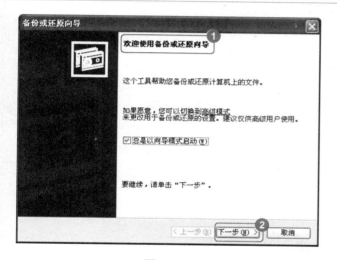

图 19-29

01　单击【下一步】按钮

No1　打开【备份或还原向导】对话框,进入【欢迎使用备份或还原向导】界面。

No2　单击【下一步】按钮。

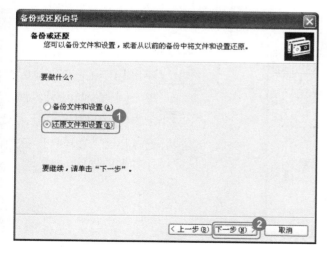

图 19-30

02　单击【下一步】按钮

No1　进入【备份或还原】界面,在【要做什么】区域中选中【还原文件和设置】单选项。

No2　单击【下一步】按钮。

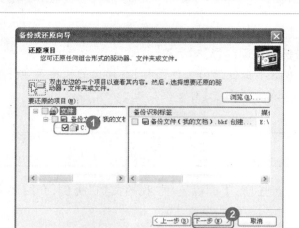

图 19-31

03 单击【下一步】按钮

No1 进入【还原项目】界面,在【要还原的项目】区域中选中准备还原的备份文件。

No2 单击【下一步】按钮 下一步(N) > 。

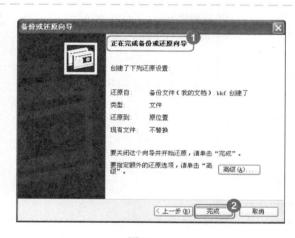

图 19-32

04 单击【完成】按钮

No1 进入【正在完成备份或还原向导】界面,显示准备还原的内容。

No2 单击【完成】按钮 完成 。

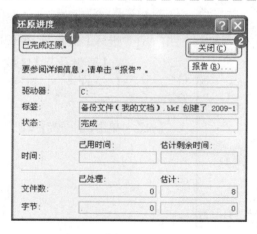

图 19-33

05 单击【关闭】按钮

No1 弹出【还原进度】对话框,进入【已完成还原】界面。

No2 单击【关闭】按钮 关闭(C) 。通过以上方法即可完成还原数据的操作。

19.4 使用 Ghost 进行系统还原

本节导读

　　Ghost 是一款出色的硬盘备份还原工具，可以实现 FAT16、FAT32、NTFS 和 OS2 等多种硬盘分区格式的分区及硬盘的备份还原。 本节将介绍使用 Ghost 进入系统还原的方法。

19.4.1 备份系统

　　使用 Ghost 可以将当前的系统进行备份,并在需要时将系统进行还原。下面将介绍使用 Ghost 备份系统的方法,如图 19-34 ~ 图 19-44 所示。

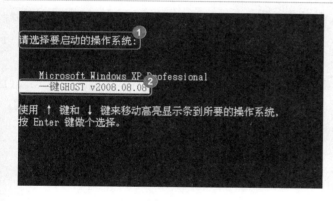

图 19-34

01 选择菜单项

No1 将 Ghost 光盘放入光驱中,重新启动电脑,进入【请选择要启动的操作系统】界面。

No2 选择【一键 GHOST v2008.08.08】菜单项。

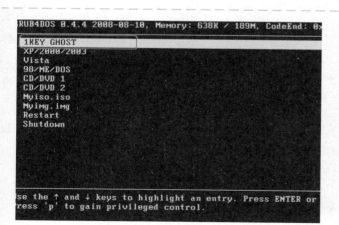

图 19-35

02 选择菜单项

　　进入一键 Ghost 界面,选择【1 KEY GHOST】菜单项。

举一反三

　　在键盘上按下〈↑〉或〈↓〉可以选择菜单项。

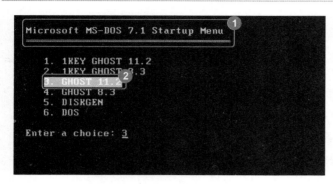

图 19-36

选择菜单项

No1 进入【Microsoft MS-DOS 7.1 Starup Menu】界面。

No2 选择【3. GHOST 11.2】菜单项。

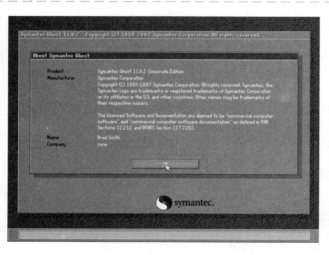

图 19-37

单击【OK】按钮

No1 弹出【About Symantec Ghost】对话框。

No2 单击【OK】按钮 。

举一反三

弹出【About Symantec Ghost】对话框,在键盘上按下〈Enter〉键。

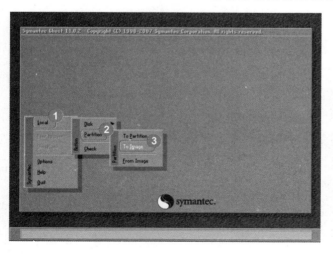

图 19-38

选择【To Image】菜单项

No1 进入【Symantec】界面,选择【Local】菜单项。

No2 在弹出的子菜单中选择【Partition】子菜单项。

No3 在弹出的子菜单中选择【To Image】子菜单项。

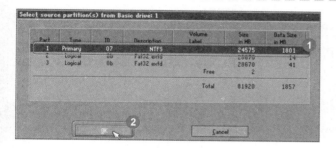

图 19-39

06 单击【OK】按钮

No1 默认选中【Drive】区域中的选项。

No2 单击【OK】按钮 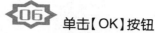。

图 19-40

07 单击【OK】按钮

No1 默认选中【Part】区域中的选项。

No2 单击【OK】按钮。

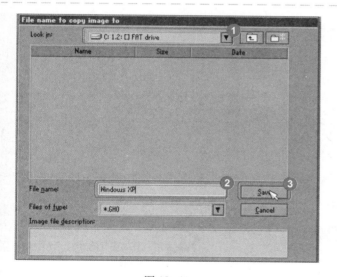

图 19-41

08 单击【Save】按钮

No1 弹出【File name to copy image to】对话框，在【Look in】下拉列表框中选择保存的位置。

No2 在【File name】文本框中输入准备保存的名称。

No3 单击【Save】按钮 Save 。

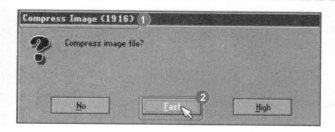

图 19-42

09 单击【Fast】按钮

No1 弹出【Compress Image (1916)】对话框。

No2 单击【Fast】按钮 Fast 。

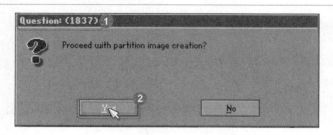

图 19-43

10 单击【Yes】按钮

No1 弹出【Question：(1837)】对话框。

No2 单击【Yes】按钮。

图 19-44

11 单击【Continue】按钮

No1 显示备份进度，弹出对话框。

No2 单击【Continue】按钮，完成备份系统。

教你一招

使用〈Esc〉键

在进行备份系统时，如果选择了错误的菜单，可以在键盘上按下〈Esc〉键返回到【Symantec】界面。

19.4.2 还原系统

备份操作系统后，在系统出现故障时，可以使用 Ghost 进行系统还原。下面将介绍还原系统的方法，如图 19-45 ~ 图 19-51 所示。

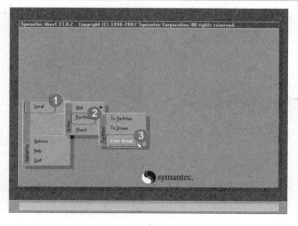

图 19-45

01 选择【From Image】菜单项

No1 进入【Symantec】界面，选择【Local】菜单项。

No2 在弹出的子菜单中选择【Partition】子菜单项。

No3 在弹出的子菜单中选择【From Image】子菜单项。

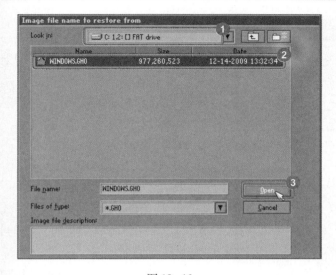

图 19-46

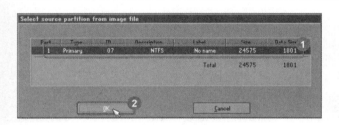

图 19-47

图 19-48

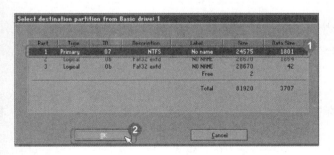

图 19-49

02 单击【Open】按钮

No1 弹出【Image file name to restore from】对话框，在【Look in】下拉列表框中选择备份的位置。

No2 选择备份的系统。

No3 单击【Open】按钮。

03 单击【OK】按钮

No1 默认选中【Part】区域中的选项。

No2 单击【OK】按钮。

04 单击【OK】按钮

No1 默认选中【Drive】区域中的选项。

No2 单击【OK】按钮。

05 单击【OK】按钮

No1 默认选中【Part】区域中的【Primary】选项。

No2 单击【OK】按钮。

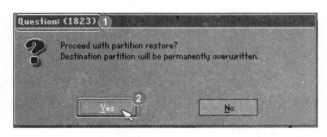

图 19-50

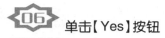

06 单击【Yes】按钮

No1 弹出【Question:(1823)】对话框。

No2 单击【Yes】按钮 。

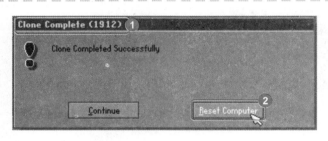

图 19-51

07 完成还原系统

No1 弹出【Clone Complete(1912)】对话框。

No2 单击【Reset Computer】按钮 完成还原系统。

19.5 查杀电脑病毒

由于网络的发展,电脑病毒也日益猖獗,一旦电脑感染了病毒,电脑中的资料则容易遭到侵蚀,造成数据丢失,因此应将电脑中病毒及时查杀。 本节将介绍查杀电脑中病毒的方法。

19.5.1 认识电脑病毒

电脑病毒是编制者在计算机程序中插入的破坏计算机功能或者破坏数据,影响计算机使用并且能够自我复制的一组计算机指令或者程序代码,下面将具体介绍病毒的知识。

1. 电脑病毒的特点

电脑病毒有其特定的特点,包括寄生性、传染性、潜伏性、隐蔽性和破坏性等,下面将具体进行介绍。

➤ 寄生性:电脑病毒通常都会寄生在一些程序中,在不启动该程序时病毒不会起破坏作用,当启动该程序时病毒则会发作。

- ➢ 传染性:传染性是电脑病毒的基本特性如果一台电脑感染了病毒,不及时进行处理,将会继续感染电脑中的文件,一般为可执行文件,被感染的文件又成为了新的传染源,当其他电脑或存储设备与中毒的电脑进行数据交换时,病毒会传染到其他电脑。
- ➢ 潜伏性:一般电脑病毒进入电脑系统后不会马上发作,可以在电脑中潜伏几天、几周或几年等,没有达到触发的条件病毒不会发作,一旦达到了预定的条件,病毒将会发作,破坏电脑中的数据等。
- ➢ 隐蔽性:一般的电脑病毒不使用专业的病毒软件无法查出,有的病毒根本无法查出,并且时隐时现,变化无常。
- ➢ 破坏性:电脑感染病毒后,可能会使电脑无法开机、正常程序无法使用或数据丢失等。

2. 常见病毒

病毒有一定的命名规则,一般格式为:＜病毒前缀＞.＜病毒名＞.＜病毒后缀＞,病毒前缀是指病毒的种类,用来区别病毒的种族分类;病毒名是指病毒的家族特征,用来区别和标识病毒家族;病毒后缀是指病毒的变种特征,用来区别具体某个家族病毒的某个变种。下面将具体介绍常见的病毒。

- ➢ 系统病毒:系统病毒的前缀为 Win32、PE、Win95、W32 和 W95 等,一般特性是可以感染 Windows 操作系统的 .exe 和 .dll 文件,并通过这些文件进行传播,如 CIH 病毒等。
- ➢ 蠕虫病毒:蠕虫病毒的前缀为 Worm,一般特性是通过网络或系统漏洞进行传播,大部分的蠕虫病毒都包括向外发送带毒邮件和阻塞网络的特性,如冲击波病毒可以阻塞网络,小邮差病毒可以发带毒邮件等。
- ➢ 木马病毒和黑客病毒:木马病毒前缀为 Trojan,其共有特性是通过网络或系统漏洞进入用户的系统并隐藏,然后向外界泄露用户的信息。黑客病毒前缀名一般为 Hack,特征为有一个可视的界面,黑客可以对用户的电脑进行远程控制。木马和黑客病毒一般是共同出现的,木马病毒负责入侵用户的电脑,黑客病毒通过木马病毒进行控制。
- ➢ 脚本病毒:脚本病毒的前缀是 Script,其共有特性是使用脚本语言编写,并通过网页进行的传播,如红色代码等。脚本病毒还有其他前缀,如 VBS 和 JS 等。
- ➢ 宏病毒:宏病毒也是脚本病毒的一种,但其具有特殊性,所以自成一类。宏病毒的前缀为 Macro,病毒名为 Word 或 Excel 的一种,该类病毒的共有特性是感染 Office 系列文档,通过 Office 通用模板进行传播。
- ➢ 后门病毒:后门病毒的前缀为 Backdoor,该类病毒的共有特性是通过网络传播,并给用户电脑带来安全隐患,如灰鸽子病毒等。
- ➢ 破坏性程序病毒:破坏性程序病毒的前缀为 Harm,这类病毒的共有特性是利用好看的图标诱惑用户单击,一旦单击这类病毒,病毒会直接对用户电脑产生破坏,如格式化磁盘等。
- ➢ 玩笑病毒:玩笑病毒的前缀为 Joke,这类病毒的共有特性是利用漂亮的图标诱惑用户单击,一旦单击这类病毒,病毒会做出各种破坏操作吓唬用户,但对电脑没有任何破坏,如女鬼病毒。
- ➢ 捆绑病毒:捆绑机病毒的前缀为 Binder,这类病毒的共有特性是病毒会使用特定的捆绑程序将病毒与一些应用程序捆绑,如 QQ 和 IE 等。

19.5.2　查杀电脑病毒

　　如果电脑感染了病毒,可以使用杀毒软件查杀电脑中的病毒。下面以使用"360 杀毒"为例,介绍查杀电脑病毒的方法,如图 19–52 ~ 图 19–55 所示。

图 19–52

01　单击【指定位置扫描】按钮

No 1　启动 360 杀毒,选择【病毒查杀】选项卡。

No 2　单击【指定位置扫描】按钮 。

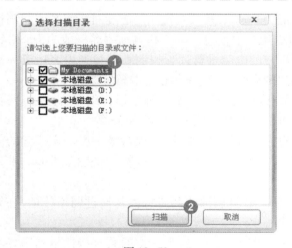

图 19–53

02　单击【指定位置扫描】按钮

No 1　弹出【选择扫描目录】对话框,在【请勾选上您要扫描的目录或文件】区域中选中准备扫描的位置复选框。

No 2　单击【扫描】按钮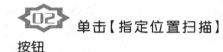。

 教你一招

全盘扫描

　　启动 360 杀毒,选择【病毒查杀】选项卡,单击【全盘扫描】按钮 可以对电脑中的所有文件进行扫描。

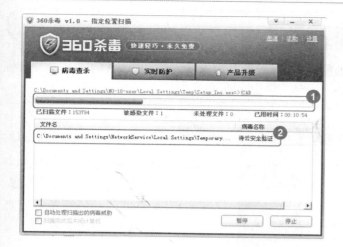

图 19-54

03 显示查杀进度

No1 进入【病毒查杀】界面，显示查杀病毒的进度。

No2 在【文件名】区域中显示查杀出来的病毒。

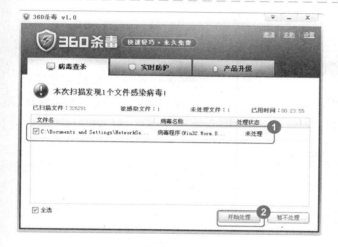

图 19-55

Section

19.6 实践案例

04 单击【开始处理】按钮

No1 查杀结束后，默认选中查杀出来的病毒。

No2 单击【开始处理】按钮
开始处理即可处理查杀出的病毒。

本章介绍了有关保护电脑安全的方法，包括系统维护、系统还原、保护数据、使用 Ghost 进行系统还原和查杀电脑病毒的方法。根据本章介绍的知识，下面以开启 Windows 防火墙和设置 Internet 选项为例，练习保护电脑安全的方法。

19.6.1 开启 Windows 防火墙

Windows XP 系统自带的防火墙功能,可以保护电脑的安全,拦截非法者的入侵。下面将介绍开启 Windows 防火墙的方法,如图 19-56 ~ 图 19-58 所示。

图 19-56

01 选择【控制面板】菜单项

No1 在 Windows XP 系统桌面上单击【开始】按钮。

No2 在弹出的开始菜单中选择【控制面板】菜单项。

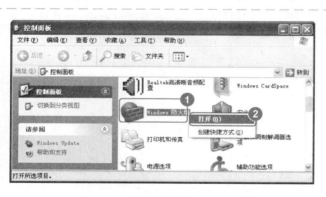

图 19-57

02 选择【打开】菜单项

No1 打开【控制面板】窗口,右键单击【Windows 防火墙】图标。

No2 在弹出的快捷菜单中选择【打开】菜单项。

图 19-58

03 开启 Windows 防火墙

No1 弹出【Windows 防火墙】对话框,选择【常规】选项卡。

No2 选中【启用(推荐)】单选项。

No3 单击【确定】按钮，即可完成开启 Windows 防火墙的操作。

19.6.2　设置 Internet 选项

对 Internet 选项进行设置可以有效地阻止插件对电脑的破坏,保护电脑。下面将介绍设置 Internet 选项的方法,如图 19-59 ~ 图 19-62 所示。

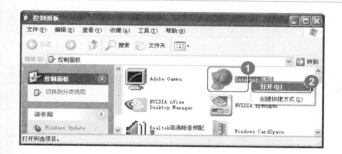

图 19-59

01　选择【打开】菜单项

No1　打开【控制面板】窗口,右键单击【Internet 选项】图标。

No2　在弹出的快捷菜单中选择【打开】菜单项。

图 19-60

02　单击【自定义级别】按钮

No1　弹出【Internet 属性】对话框,选择【安全】选项卡。

No2　在【请为不同区域的 Web 内容指定安全设置】区域中选择【Internet】选项。

No3　单击【自定义级别】按钮【自定义级别(C)...】。

图 19-61

03　单击【自定义级别】按钮

No1　弹出【安全设置】对话框,在【重置自定义设置】区域中的【重置为】下拉列表框中选择准备设置的级别。

No2　单击【确定】按钮【确定】。

图 19-62

04 完成设置级别

返回到【Internet 属性】对话框,单击【确定】按钮 确定 。通过以上方法即可完成设置安全级别的操作。